Webコピーライティングの新常識

ザ・マイクロコピー

The
MICRO COPY
WRITING

山本琢磨
Takuma Yamamoto
【監修】仲野佑希
【ウェブテスト協力】清水令子

秀和システム

●注意

(1) 本書は著者が独自に調査した結果を出版したものです。

(2) 本書は内容について万全を期して作成いたしましたが、万一、ご不審な点や誤り、記載漏れなどお気付きの点がありましたら、出版元まで書面にてご連絡ください。

(3) 本書の内容に関して運用した結果の影響については、上記(2)項にかかわらず責任を負いかねます。あらかじめご了承ください。

(4) 本書の全部または一部について、出版元から文書による承諾を得ずに複製することは禁じられています。

(5) 商標
本書に記載されている会社名、商品名などは一般に各社の商標または登録商標です。

マイクロコピーの世界へようこそ！

なぜあなたは、数ある書籍の中から、この本を選んだのですか？

売り上げを伸ばすための新たなノウハウが欲しかったから？

有名なコピーライターの書いた本は、もう一通り読みつくしたから？

もしかしたら純粋に『マイクロコピー』というタイトルが気になった、という人もいるかもしれませんね。

実は、この本には、これまでのコピーライティングの書籍では扱われることのなかった、とても重要なエッセンスが散りばめられています。

あなたが「書く」ことを通じて、成果を求められる仕事に就いているのなら、この本は隠しておきたいほどの、強力な秘密兵器になるでしょう。

本書を読み終えるころには、ズバリ、5倍や10倍はムリでも、とりあえずはウェブサイトの成約率を1.2〜1.5倍にアップさせることができます。その改善スピード、費用対効果という点において、私はこれ以上のものを知りません。

＊　　　　　＊　　　　　＊

しかし、あまりにも簡単に売り上げを伸ばしてしまうがゆえ、取り扱いに注意しなければならない人もいます。

それは外部の企業へ出入りするマーケッター・コンサルタントの方々。

簡単に成果を出しすぎて、たまたま運よく売り上げが伸びたと思われたり、クライアントに価値を感じてもらう前に契約を切られてしまうかもしれません。「コイツは働いていない」とすら思われる可能性もあります。

そして、今まさにダイレクトレスポンスマーケティングや、コピーライ

ティングを学んでいるセールスライター。

　もしかしたら、この本を読むことで気分を悪くするかもしれません。なぜなら、何時間も費やして、ロングコピーを書き直していたことがバカらしく思えるから。

　ウェブコピーにおいては、旧来のライティング手法が必ずしも有効とは限らないのです。ほんの小さなことで、スピーディに売り上げを伸ばせる方法があるのですから、いきなりヘッドラインや、ボディコピーから手をつけるようなことはしてはいけません。

　　　　　＊　　　　　　　　　＊　　　　　　　　　＊

　確かにコピーライティングはビジネスをする上で重要なスキルです。しかし、私たち全員がライティングの技術に長けているわけではありません。書く力を身につけようにも、普段の仕事をしながら、ましてや会社を経営しながら……といった忙しさの中では、やはりライティングを学ぶのには限界があります。

　私は以前、コピーライティングの教材を販売する出版社にコンサルタントとして入っていたこともあり、この業界についてはよく知っています。

　そこではある意味、売る手法を売り続けなければならない、というジレンマがありました。

　「これさえあれば売り上げが伸びる！」と謳いながらも、あの手この手で新たな商品がリリースされていきます。いわゆる、教育ビジネスとしての側面もあるのです。

　確かにビジネスモデルとしては、そのやり方は成功かもしれません。しかし、成果を出せないまま、ただひたすらに教材を買い続けている人たち

4

もたくさんいました。

「コピーライティングこそ最強のスキルだ」と信じている人たちは、皮肉にもコピーによって簡単に売り込まれてしまいます。その理由は簡単で、誰よりもセールスレターを隅々まで読んでくれるからです。

*　　　　　*　　　　　*

あれから数年経った今、私はこの秘密を公開することにしました。

「ライティングを生業としない人たちが、この本を読んだその日のうちにでも、売り上げを伸ばせる部分はないだろうか？」

ズバリ、あなたがいま手に取っている本、『ザ・マイクロコピー』にはそれが書かれています。

「たった2文字で、売り上げが1.5倍になった？　ホント？」

はい、本当です。

あなたがオンラインを舞台にビジネスをしているのなら、ウェブサイト上のコピーの数文字を書き加えたり、修正するだけで、会社の年間の成長率目標を、今日のうちに達成してしまうことだってあり得るのです。

なぜそんなことができるかって？

その秘密を、この本の中でじっくり紐解いていきたいと思います。

*　　　　　*　　　　　*

マイクロコピーとは、ボタンの文字やフォームまわり、エラーメッセージ、写真のキャプションなど、正直言ってこれまでコピーライティングの教材や、専門家がまったく話さなかった、非常に細部の箇所のコピーのこ

とです。

コピーライティングの世界では「長いコピーこそが商品を売る」と言われてきました。商品やサービスについて、顧客にゼロから説明する必要があるなら、十分な長さのコピーが必要でしょう。確かに、理にかなっている話です。

しかし、スマホなどの小さなデバイスが主流となっている今、ロングコピーは、ドアの覗き穴越しに、新聞を読むようなもの。ウェブコピーには、これまで以上に簡潔さが求められるようになってきました。

そんな変化を知らないばかりに、未だに昔ながらのセールスレターを模倣したウェブサイトを見かけます。それで売れるなら良いのですが、一度外すとさあ大変。集客できない、売り上げが伸びない、問い合わせがこない。何度リライトしても、時間だけが無情に過ぎ、広告費は垂れ流し状態となります。

ですが、そんな苦労とは今日でオサラバしてください。

マイクロコピーの活用方法を知っていれば、ビジネスの危機を難なく乗り切ることができます。

信じられないですか？　それじゃあ証拠を見せましょう。

これは、私がセミナーを開催した時の、参加者募集ページの申し込みボタンです。

参加者募集ページの申し込みボタン

席を確保する

最初の数日間は、「席を確保する」というボタンを使っていましたが、イマイチ参加率が良くないことがわかりました。

そこで次の日、このボタンの下に「セミナーには30日間の返金保証が付いています」と加えたのです。

参加者募集ページの申し込みボタン（改善後）

すると……それだけで127.87％の参加申し込み率の改善が見られました。そして結果的に、約100名分の席を、すべて参加者で埋め尽くすことができた、というわけです。

ボタン改善前後の参加申し込み率

パターン	ウェブテスト セッション	コンバージョン数	コンバージョン率	オリジナルとの比較
● オリジナル		220	6	2.73%	0%
● 返金保証文言		177	11	6.21%	⬆ 127.87%

セミナーのボタンに返金保証の文言を加えただけでコンバージョン（成約）率が上昇！

ボタンの下に1行加えることぐらい、大したことじゃありません。

担当者に頼めば数分で済むことです。

でも、これを知っているか知らないか。

やるかやらないか。

「もし、訴求を変えるためにコピーを書き直したり、1からページデザイ

ンを作り直していたら、どれだけの損失が生まれていただろう……」

　考えるだけでもゾッとします。

＊　　　　　　　＊　　　　　　　＊

　ということで、これからあなたにお伝えすることは、決して再現性のない眉唾もののテクニックではないのです。私が広告費を投じて、身を削って実証した方法です。

　もしあなたが書くことが苦手であっても、心配しないでください。マイクロコピーを使う上でカギとなるもの。それは、ライティングスキルではないからです。

　重要なカギ。それは、究極の「顧客理解」です。

　もっと言えば、ボタンを押す瞬間にお客さんが何を感じているのか？ PCやスマホ画面の向こう側で起きている、顧客のわずかな心の動きを汲み取るスキルなのです。

　マイクロコピーは、決して難しい方法ではありません。これまでは、きちんと体系的に学べるものがありませんでしたが、日本では、私の指導のもとで、すでに多くの企業が実践しています。

　小さなことでこれだけの改善ができるということがわかりました。

　入力フォーム遷移後の注文完了率がかなり低かったのが、LPフォーム内のマイクロコピーを変更し、PCページで成約率53.5％アップ、スマートフォンページで11.9％アップしてます！

　　　　　　　　　　　　——小西健司様（東京都、ネット通販）

カート内の最適化で、成約率が 120% 改善。他にもランディングページなど改善点が 20 個以上も見つかっています。

――春日利夫様（東京都、ネット通販）

Google アナリティクスでのチェックすべき数値やポイントを学び、問題箇所が明確になりました。おかげでクリック率が改善しました。

――松沢宗志様（長野県、旅館・ホテル業）

反応のないウェブサイトを、その場で改善ができます。

今後も、お客様のこと自社のことを棚卸ししてからコピーを書き直します。

――酒井昴様（東京都、サプリメント販売）

より成約率の高いサイトを構築し、売り上げアップを図りたいと考えていました。

たった 1 つの単語の使い方で、売り上げが大きく変化します。

迷っている人こそ実践すべき方法だと思います。

――上村大樹様（大阪府、ネット通販）

これまでコピーライティングを学んできましたが、時間がかかったり、改善をしても成果に見合わないということが多々あり……。

一方でさっそくおこなった、A/B テストでは CVR が 10% アップ。

再現性のある、ウェブサイト改善の方法がわかりました。

――国母拓也様（東京都、ペットフード販売）

マイクロコピーの修正、ネガティブワードを省いたことで成約数がアップしました。１つのワードに対して意識が変わるようになりますね。

——田沢充則様（東京都、サプリメント販売）

ちょっとした文章を添えるだけで翌日には数字が変わります。

数字に悩んでいる方、マーケティング・セールスをしている方にはオススメです。

——間野隆夫様（東京都、スピリチュアル）

思い込みではなく、データに基づいてお客さんが理想とするウェブサイト設計する方法がわかりました。

ネット販売をしている人、予算に限りある人にはオススメです。

——半沢考様（東京都、CAD ソフト・測量業）

マイクロコピーの訴求変更、すぐに主力商品ページへのアクセス数が 250 アクセス→ 425 アクセスへ。結果売り上げアップにつながりました。

——匿名希望様（大阪府、ネット通販・輸入代行業）

費用対効果が高く、日本ではまだ誰もやっていない。

「お客さんの頭の中にある言葉を使う」ことの大切さに改めて気づきました。

今すぐにでもやるべきことがたくさん見つかりました。

——岡芹史郎様

（シンガポール、セールスライター・マーケッター）

コンバージョンボタン付近のマイクロコピー最適化で、公式サイトへの誘導率を 13.68% → 17.30% へ改善しました。

──岩永祐一様（東京都、Web 製作会社）

いかがですか？

本書を読めば、あなたを成功に導くアイデアが、すぐ目の前に転がっていることに気がつくはずです。

ひょっとしたら本書には、ケープルズの名著『ザ・コピーライティング── 心の琴線にふれる言葉の法則』のような華やかさはないかもしれません。人によっては地味な内容だ、と思う人もいるでしょう。

しかし、売り上げに困っている経営者や、クライアントへの成果を急ぐセールスライターたちにとっては、今年一番の「当たり本」と言わせる自信があります。これは、実践した人にしかわからないものです。

＊　　　　　＊　　　　　＊

2017 年 3 月。

おそらく国内では初めてとなる、マイクロコピーのセミナーを東京にて開催した際、かなりニッチなジャンルにも関わらず、幅広い業種の方達にお集まりいただきました。

マイクロコピーの時代は、すでにすぐそこまで来ています。そのような機運の高まりを受けて、今回、国内の出版物としては初めて、マイクロコピーの概念をご紹介する 1 冊を上梓することとなりました。

もちろん、書くことに対して、アレルギーを示すような人でも、何も心配することはありません。売り上げに悩む、あらゆる職に就くすべての人

たちにとって、突破口となるはずです。

　ではさっそく、マイクロコピーの世界へあなたをご案内しましょう。

2017 年 7 月

山本　琢磨

CONTENTS

マイクロコピーの世界へようこそ！ ……………………………………… 3

第1章　マイクロコピーの魅力

1　そもそもマイクロコピーとはなにか ………………………… 20

2　マイクロコピーがもたらす効果 ……………………………… 25

3　マイクロコピーが効果を出しやすい理由 ………………… 29

第2章　マイクロコピー改善の準備

1　ウェブ解析ツールを導入する ……………………………… 36

2　毎日レポートを眺めて数字に慣れる ……………………… 38

3　達成すべき明確なゴールを設定する ……………………… 40

4　A/B テストを活用する ……………………………………… 42

5　Google アナリティクス以外の高機能ツールを検討する … 44

6　マイクロコピーが機能するための前提条件をチェックする　46

7　優れた事例をたくさん見る ………………………………… 48

13

第3章　思わずクリックしたくなる強力な
コンバージョンボタンのマイクロコピー

1　コンバージョンボタンのマイクロコピーの重要性を意識する… 52

2　ボタンラベルではベネフィットを伝える ………………… 55

3　ボタン周りにクリックトリガーを添える ……………… 58

4　ユーザビリティを高めるためにもマイクロコピーを使う … 65

5　簡潔なコピーにする ………………………………… 68

6　アクション指向の言葉を使う……………………………… 69

7　タイミングワードを使う……………………………… 71

8　お試しできることや試用期間を伝える ……………… 73

9　数字で伝える …………………………………… 75

10　社会的証明の原理を使う …………………………… 80

11　節約できることを伝える ……………………………… 82

12　推薦の声を伝える …………………………………… 84

13　保証、アフターサービス、リスクフリーを伝える ……… 86

14　小さな支援（寄付）を求める ……………………… 88

15　アイコンのユーザービリティ向上にマイクロコピーを使う 89

16　リンクで約束したことは必ず守る ……………………… 91

第4章　会員獲得を容易にするサインアップ
フォームのためのマイクロコピー

1　サインアップせずにサービスを
利用できる方法を用意する …………………………… 94

2 本当に必要な個人情報だけ預かる …………………… 98

3 まず自分から情報を積極的にオープンにする …………… 101

4 「なぜこの情報がサインアップに必要なのか」を伝える … 103

5 SNS に自動投稿しないことを伝える ………………… 106

6 テンプレートを過信しない………………………… 108

7 サインアップによるメリットを伝える………………… 113

8 ヘッドラインやブレット（箇条書き）にも
マイクロコピーを使う …………………………… 115

9 ユーザーの行動を正しい方向へガイドする …………… 118

10 登録内容を変更できることを伝える ………………… 119

第5章 読者をラクに増やすメルマガ購読 フォームのマイクロコピー

1 メールマガジン購読フォームの設置場所を増やす ……… 122

2 魅力的なヘッドラインを用意する ……………………… 124

3 リードコピーでメルマガの個性を際立たせる ………… 126

4 購読フォームエリアで推薦文やスパム対策、配信頻度を
伝える …………………………………………… 128

5 サイトの個性に合わせてユニークなポップアップを使う … 132

6 メールマガジンのフッターには解除リンクを挿入する …… 134

7 購読完了ページにもマイクロコピーを添える ………… 137

8 確実にメール、オファーが届くまでガイドする…………… 140

9 Do-Not-Reply（返信しないで）は使わない……………… 141

第6章 サポート精神あふれるお問い合わせ ページのマイクロコピー

1 カスタマーサポート精神を Basecamp.com に学ぶ ……… 146

2 メッセージの返信までの目安時間を伝える ……………… 148

3 サイト内のヘルプリンクを貼る …………………………… 150

4 形式張らずに自由記入で聞く ……………………………… 151

5 細部の箇所のコピーにもとことんこだわる ……………… 153

6 記入項目が多い場合はコミットメント・
チェックボックスを使う ………………………………… 155

第7章 スムーズに記入を促すプレースホルダー のマイクロコピー

1 消えては困る情報はラベルに表示する …………………… 158

2 ユーザーをガイドし、楽しませる ………………………… 162

3 サイト内検索の利用を促す ………………………………… 167

4 ユーザーの使い方に合わせて、
適切なマイクロコピーを入れる ………………………… 171

5 記入しやすいフォームラベルにする ……………………… 173

第8章 相手の心を汲み取るエラーメッセージの マイクロコピー

1 会話的な言葉遣いをする …………………………………… 176

2 専門用語を使わない ………………………………………… 183

⚠ 3　あいまいさを回避する ……………………………………… 184

⚠ 4　ユーザーを責めない ……………………………………… 187

⚠ 5　建設的なアドバイスをする ……………………………… 189

⚠ 6　ヒントを与える ………………………………………… 190

第9章　口コミが広がりバズる404ページの マイクロコピー

🔵 1　カスタム 404 ページを用意する ……………………… 192

🔵 2　404 を自分の言葉に書き換える ……………………… 194

🔵 3　共感・同調型のメッセージで伝える ………………… 196

🔵 4　具体的な解決策を示し、コンバージョンの
　　　機会損失を防ぐ ………………………………………… 197

🔵 5　独自の企業文化を伝える ……………………………… 200

🔵 6　遊び心いっぱいに ……………………………………… 201

🔵 7　商品ページへ誘導する ………………………………… 203

第 10 章　ユーザー体験をもたらす マイクロコピー集

🔵 1　動画のマイクロコピー ………………………………… 206

🔵 2　ブランディングのためのマイクロコピー ………………… 208

🔵 3　ユーザーの行動をねぎらうマイクロコピー ……………… 211

🔵 4　使い方をガイドするマイクロコピー …………………… 213

🔵 5　フォーム記入の必要性を高めるマイクロコピー…………… 215

第11章　オリジナルのマイクロコピーの作り方

1 ワークシートを使って考える ・・・・・・・・・・・・・・・・・・・・・・・・・・・ 218

2 お客さんの不安、懸念、疑問にスポットを当てる ・・・・・・・・ 221

3 顧客に寄り添って考える ・・・・・・・・・・・・・・・・・・・・・・・・・・・・・・・ 225

4 ユーザーテストでヒントを見つける ・・・・・・・・・・・・・・・・・・・・ 231

5 コンテキストを意識する ・・・・・・・・・・・・・・・・・・・・・・・・・・・・・・・ 236

6 全体が1つとなるような、なめらかなフローを設計する ・・・ 240

7 マテリアルデザインを参考にする ・・・・・・・・・・・・・・・・・・・・・・・ 245

参考資料一覧 ・・・ 247

たった数文字の小さなテキストが、

あなたのビジネスを丸ごと変える！ ・・・・・・・・・・・・・・・・・・・・・・・ 249

謝辞 ・・ 252

著者紹介 ・・・ 255

第1章 マイクロコピーの魅力

　ネットビジネスの世界において、近年、急速に注目度が高まっている「マイクロコピー」とは、そもそもどのようなものなのでしょうか？　そして、どのような効果が見込めるものなのでしょうか？　まずはそうした基本からご紹介しましょう。

1 そもそもマイクロコピーとはなにか

●顧客の入力ミスを減らしたい！

ロケットインサイツの共同創設者で、ユーザーエクスペリエンスの分野の権威でもある、ジョシュア・ポーターは、彼のブログにこんな言葉を残しています。

> マイクロコピーは小さいながらもパワフルなコピーだ。
>
> ──ジョシュア・ポーター

この言葉を残した当時のポーターは、ユーザービリティ専門のコンサルティングファーム、UIE 社のプロジェクトで決済フォームを作っていました。それも、クレジットカード情報、名前、住所の記入欄が並ぶ、どこにでもあるようなシンプルな決済フォームです。

ポーターが作っていた決済フォーム

Enter Billing Information

Card Type: Visa
Card Number:
Expiration date: 01 / 2011
Security Code: How to find this on your card

First Name:
Last Name:
Address:
Address Line 2: (optional)
City:
State/Province: Alabama
Zip/Postal code:
Country: United States   Country not listed? Email
events@uie.com or call 800-588-9855 for assistance.

You're not quite done registering. One more step to go. Please proceed to the final step and review your order.

Proceed to Final Step

　ところが、いざフォームをウェブサイトに実装してみると、おこなわれた決済のうち、約5〜10%がエラーになっていることが判明しました。その理由は、カードナンバーや有効期限などの入力ミス。特に多かったのが、請求先住所の入力エラーです。

　何より問題だったのは、そのエラーの度に無駄なトランザクション費用*が発生し、顧客の対応にも時間が奪われていたことです。それにより損失はかなりの額になっていました。

＊トランザクション費用　　　売り上げ処理、実売り上げ処理、キャンセル処理など、クレジットカード会社との通信ごとにかかる料金のこと。

●わずか 1 行のコピーが、顧客の行動に影響を与えた

そこでポーターが考えた解決策は、次のようなものです。

あなたのクレジットカード請求先住所を必ず入力してください。

請求先住所の記入フォームのすぐ近くに、このコピーを挿入しました。すると……一夜明けて、それまで頻出していた決済エラーがあっという間に減っていたのです。

ポーターが挿入したマイクロコピー

Security Code: ___ <u>How to find this on your card</u>

(Be sure to enter the billing address associated with your credit card)

First Name: ___

これにより、サポートに充てていた時間は短縮され、ウェブサイトは順調に収益を生み出し始めました。手を加えたのは、入力フォームのレイアウトでも、インターフェイスデザインでもありません。ほんのわずか 1 行のコピーです。

この小さなコピーがもたらした大きな変化は、ユーザーエクスペリエンスの国際的なカンファレンス UXLx で、ポーター自身により紹介されています。

「マイクロコピー」と名付けられたこの強力なコピーは、UI*/UX* の専

---

*UI　　　ユーザーインターフェイス(User Interface)の略語。コンピュータを操作する時の画面表示、ウインドウ、メニューの言葉などの表現や操作感のこと。

*UX　　　ユーザーエクスペリエンス（User Experience）の略語。ユーザーが製品・サービスを通じて得られる体験のこと。

門家に重大な気づきを与えました。インターフェイスに、適切なタイミングで、適切なメッセージを追記することで、ユーザーの行動を大きく変えられることがわかったからです。

●マイクロコピーは至る所に存在する

　もちろん、マイクロコピーは決済フォームのエラーを減らすためだけのものではありません。それはあくまで一例です。

　実際、すでにマイクロコピーはWebサイト上の至る所に存在し、あなたもたくさん目にしています。ボタン、サインアップ画面、入力フォームのプレースホルダー、エラーメッセージなど、インターフェイス周りを探せばすぐに見つかるはずです。

マイクロコピーが見つかる主な場所

○ボタン（およびその周辺）

○サインアップ画面

○ログイン画面＆パスワード
　復元ページ

○フォームラベル

○プレースホルダー

○メニュー、ナビゲーション

○プログレスバー

○アプリの通知

○確認メッセージ

　（購読、解除、変更保存）

○取り引き関連メール

　（注文確認、領収書、納品書）

○ローディング画面

○サンキューページ

○警告メッセージ

○エラーメッセージ

○404ページ

○お問い合わせ

これらはほんの小さなコピーのため、「そんなものに注目しても意味はない」と言うコンサルタントも中にはいるようです……残念すぎてため息しか出ません。

　私たちがなにかをクリックしたり、記入する時には、その周りに書かれているコピーを頼りにしています。形やデザインだけでは、人は正しい行動を取るのが難しくなります。マイクロコピーは、小さくても、重要な意味を持つのです。

　嘘だと思うなら、ボタンに書かれているコピーをすべて削除してみると良いでしょう。もしくは記入フォームのラベルをすべて消してみるのも良いかもしれません。極端な例かもしれませんが、でもそういうことなのです。

2 マイクロコピーがもたらす効果

●世界のセールス分野の専門家も目を向け始めている

前節の説明を読んで、「マイクロコピーとは UI/UX 関連の話なのか」と感じた方もいらっしゃるかもしれません。

それは半分正解で、半分不正解です。

確かにこれまで、マイクロコピーは主に UI/UX の畑で扱われてきていました。コピーライティングの教科書に取り上げられることはなく、セールス分野の専門家も目を向けていませんでした。

しかし実際には、マイクロコピーによる UI/UX の改善は、そのまま業績の向上に直結します。例えば私のクライアントで、治療院向けのウェブサービスを提供している会社では、マイクロコピーの改善によって資料請求ページの成約率が 1.5 倍になりました。それもボタンのコピーの「無料」を前に入れ替えただけです。

マイクロコピーの改善例

資料を無料ダウンロード ⬇

無料で資料をダウンロード ⬇

このような事実が判明するにつれて、昨今では、グロースハッカーやセールスライターによって、ボーダレスにマイクロコピーが認知されてきているようです。英語圏のブログでも、同様に「たった1ワードの差し替えで成約率が77.6%もアップした」など、たくさんの貴重な事例が紹介されています。

マイクロコピーは、コピーライティングの縁の下の力持ちです。
──クリスティン・カーソン（コンテンツ・ストラテジスト）

マイクロコピーを最適化することで、眠っている潜在的な顧客を、コンバージョン＊に結びつけることができます。しかも、時間も、お金も、ライティングスキルも不要なのです。

●マイクロコピーならコストをかけずに最短で成果が出せる

Webサイトの成果を上げるには、マイクロコピー以外にも様々な方法があります。PPC広告やSEO、メールマガジン、キャンペーン、ページデザインの改善……もちろんそれらも重要です。しかし、いずれも資金や時間がそれなりに必要になります。

これに対して、マイクロコピ-なら、コストをかけず、即時的に成約率を上げることが可能です。

実はこんなマイクロコピーのパワーに気がついたのは、私がEコマースの業界に身を置いていたことと深く関わりがあります。

＊コンバージョン　　Webサイトにおける目標の達成のこと。

ネット黎明期からもっとも成果にこだわり続けてきたのは、Eコマース業界と言っても過言ではありません。月末に売り上げが足りないからキャンペーンをやり、無料で集客したいからSEOを導入し、けれども費用対効果が合わなければすぐにやめる。売れてるサイトの見た目を真似したり、逆に自社サイトが売れ始めると真似されるなんてことは日常茶飯事でした。

買い物の際のページ遷移例

例えばこのように、お客さんは買い物をするのに複数のページを移動します。だから初めのころは、トップページから修正を加え、そこから順に奥の階層のページを改善していました。確かに、1つずつ改良していくと、売り上げはちょっとずつ上がっていったのですが、ある日気がついたのです。

トップページの修正ではひどい時には2週間以上かかり、いったんサイトの稼働を止めなければならないほどだったのに、奥のページにいけばいくほど修正箇所は小さくなる。修正にかかる時間も短くなり……なのに、売り上げは大きく上がる。しかも、いままで散々真似してきたライバルが、奥のページにいけばいくほどついてこない、と言うかまったく気がついていない（当時、同業にページを真似されることは、売り上げに直結する死活問題でした）。

楽天やYahoo!やAmazonではない独自ドメインのネットショップなら、まだ独自開発の買い物カゴが多い時代。私は「ひょっとしてショッピングカート内のコピーだけでも売り上げが伸びるのでは……？」と考えました。なぜなら、私自身が買い物中に「チッ」と舌打ちをするのが、いつも買い物カゴの中だったからです。実際に、舌打ちする箇所が1つあるだけで、成約率が減少していました。

私はこれを「舌打ちの法則」と呼んでいましたが、実際に平均的なECサイトでは約7割の顧客が、ショッピングカートページ内で購入を放棄していると言われています。この7割の顧客を逃さず、コンバージョンに導くためのもの ──それが、マイクロコピーだったのです。

想像してください。3割だったコンバージョンが10割に増えたら、あなたのWebサイトはどれだけの売り上げをもたらすでしょうか？　しかも、そのためにむやみやたらと広告を打ったり、リストを買ったりして、集客数を増やさなくてもいいのです。そう考えると、マイクロコピーの効果と可能性の大きさが、実感できるでしょう。

3 マイクロコピーが効果を出しやすい理由

●人に行動を起こしてもらうための3つの要素

マイクロコピーがなぜそこまで効果を出しやすいのか？

その原理を理解するためには下図のようなモデルが役に立ちます。これは、スタンフォード大学のBJフォグ教授によってまとめられた「お客さんに行動を起こしてもらうための3要素」を相関関係に表したモデルです。

このモデルによると、人に行動を起こしてもらうためには、モチベーション・行動障壁・トリガーの3つの要素を満たし、「行動移行ライン」を超えたエリアにいってもらう必要があります。

下記の図に書かれている青い線が行動移行ラインです。これを超えた人が購入、登録、資料請求などのアクションを起こしてくれます。

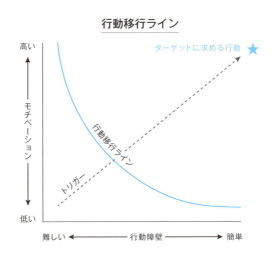

ちなみに、ここで言うモチベーションとは「お客さんがどのくらい強く動機づけされているか?」、行動障壁とは「行動の妨げになっている障害物が、どのくらい簡単に乗り越えられるか?」、トリガーとは「行動のきっかけとなる合図」を意味します。

　この3要素とマイクロコピーの関係について、詳しく見ていきましょう。

●すでにモチベーションが高い人を狙うから効果が出やすい

　当たり前の話ですが、強く動機づけされているお客さんほど、実際に行動してくれます。

　ですが、多くのマーケッターは、売り上げが伸び悩んだ際に、購買意欲の低い潜在的な顧客のモチベーションまで高めようとします。

　しかし、それは難易度が高く、時間のかかる方法です。購買意欲の低いお客さんのモチベーションを高めるには、セールスコピーや、消費者心理に沿ったウェブデザインによる訴求が必要だからです。十分なキャンペーン期間があり、潤沢な広告予算がある場合には良いかもしれませんが、そうでない場合には、ピンポイントで対策を突き止める高い分析力が問われます。

　一方、コンバージョンボタンを「押すかどうか迷っている」ところまで来ている人や、商品をカートに入れた状態のお客さんは、すでに高いモチベーションを持った人たちです。マイクロコピーはそうした人たちに向けたコピーとなります。だから、効果が出やすいのです。

●お客さんにとっての行動障壁を下げるのに効果的

ただし、どんなに行動へのモチベーションが高い人でも、何かしらの「行動しない理由」を抱えています。誰だって面倒臭いことはしたくないのです。

この行動モデルでは、行動の障壁となるものを次の6つで判断します。

① 時間がかかること

購入プロセスが長すぎたり、フォーム記入が10個も20個もあれば、行動障壁は高くなります。常にせわしなく、ページからページを移動しているお客さんにとって、時間が奪われることはストレスであり、途中で行動をやめてしまう理由になります。

②費用が高いこと・思いがけない追加のコスト

誰しも商品を買う時には、ある程度の予算枠を決めているものです。「いざ購入しようと思ったら、思いがけない費用が発生した」ということになると、そこで購入を中止する人が出てきます。

③肉体的許容性（動きたくない）

あなたが東京に住んでいれば、北海道のビジネスセミナーに参加するのは難しいでしょう。距離が離れていて行動するのに労力が必要な場合には、行動障壁は高くなります。

④頭脳的許容性（考えたくない）

「わかりにくい」ことは致命的です。専門用語のオンパレードや、一目見ただけでは理解できない記入フォーム、メニューなどは、お客さんの

行動障壁を高めてしまいます。

⑤社会的な逸脱（後ろめたさがある）

「フォロワー数 5 万人以上に大量に宣伝します」「SEO 対策にブログを
200 サイト作成します」のようなスパム行為、社会的な規範から考えて逸
脱しているものは、行動障壁を高めます。

⑥成果を出すまでに、繰り返し行動が必要か？（ルーティーン）

人は継続的な努力が必要なものに難色を示す一方、すぐに、簡単に、
楽に結果が出るものが大好きです。お客さんに求める行動によってすぐに
結果が出ないのであれば、それ自体が、心理的な障壁となってしまいます。

こうした障壁を取り除くために効果を発揮するのが、マイクロコピーで
す。マイクロコピーを改善することで、お客さんの「行動しない理由」が
なくなり、結果としてコンバージョンが増えていきます。

●行動のきっかけとなる合図を出すことも得意

「モチベーション」が高い状態にあり、「行動障壁」が下がっていれば、
もう行動移行ラインはすでに超えているかもしれません。しかし、これだ
けではまだ足りない場合、トリガー（引き金）が必要です。

行動の引き金となるものには、次の 3 種類があります。

○ファシリテーター型トリガー……不安、懸念、疑問を取り除くなど、
　行動をしやすくするもの

○スパーク型トリガー……ベネフィットなど、行動への意欲をかき立てるもの

○シグナル型トリガー……行動の後押しとなる情報を知らせたり、思い出させたりするもの

　このようなきっかけとなる合図を出してあげることで、お客さんは行動に移ってくれるのです。そして、こうした合図を出すことも、マイクロコピーの得意とするところです。だから、マイクロコピーは効果を出しやすいのです（これについては、この後に登場する第3章の「ボタン周りにクリックトリガーを添える」にて詳しく解説します）。

34

第2章
マイクロコピー改善の準備

　確実に目的地に辿り着くためには、地図とコンパス、それを使うための正しい知識が必要です。本章では、マイクロコピーの具体的な事例をご紹介する前に、あらかじめ必要なツールの準備と、活用のための最低限のルールについて手短にご紹介します。

1 ウェブ解析ツールを導入する

●数字を判断の拠り所にすることが重要

　私がコンサルティングをしていて驚くことは、ウェブサイトの改善をするのに、内部の詳細な数字を把握していない企業が多いことです。思い思いのアイデアをテーブルに広げてしまう前に、まずはボトルネックがどこにあるのかを詳細に知ることから始めなければなりません。遠回りせずに済むように、肌感覚ではなく、明確な指標を持つことが大切です。

　数字を判断の拠り所にする。

　これこそが、ウェブサイト改善の、もっとも重要なマインドセットです。あなたの過去の経験や感性を持ち込むな、とは言いません。しかし成約率の改善を目的にマイクロコピーを使う場合、数字を元に俯瞰で判断し、仮説を立て、実行していくことになります。

　この考え方は、あなただけでなく、プロジェクトチーム全体にも良い影響をもたらします。このルールを社内で明文化してしまえば、幹部、トップの気まぐれですべてがひっくり返されたり、代理店のデタラメな提案に翻弄されることもありません。わずか数文字で売り上げの変わるウェブの世界では、いちいち上司にお伺いを立てていては、時間がいくらあっても足りないのです。

●数字で判断するために必要なのがウェブ解析ツール

そこでまずは、現状を明らかにするための、ウェブ解析ツールの導入が必要になります。

健康診断を受ければ、あなたの身長や体重、BMI 指数などが正確にわかるでしょう。それと同じように、ウェブサイトの現状を、丸ごと教えてくれる便利なツールがあります。

その代表的なものが、Google アナリティクス（https://www.google.com/intl/ja_jp/analytics/）です。

Google アナリティクスを使えば、サイトの訪問者数や、彼らがどのサイトから来たかなど、詳細なアクセス解析をすることができます。無料で使える上に、ページを最適化するための基本的なツールがすべて揃っているので、初めは Google アナリティクスを使ってみるのが良いでしょう。これがあれば、あなたのサイトの強みや弱みをデータに基づいて知ることができます。社内に担当者がいるなら、導入するように伝えてください。もし、導入方法がわからなければ外注化するのも 1 つの手です。

2 毎日レポートを眺めて数字に慣れる

●推移を継続して見続けることで数字の意味が見えてくる

ウェブ解析ツールを導入したら、まずやるべきことは、毎日レポートを眺めて数字に慣れることです。

> 私は、理性と、事実と、証拠と、科学とフィードバックに深い信頼を寄せています。
>
> —— バラク・オバマ元大統領

もしあなたが経営者で、ウェブ周りのことは、すべて代理店や担当スタッフに任せていたとしても、ウェブ解析の数字を読めるようになるだけで、ウェブサイトのコントロールを手放さずに済みます。

極端な話、あなたがウェブマーケティングやプログラミングについてわからなくても構いません。数字さえ読むことができれば、代理店に依頼した仕事や、スタッフの1週間の成果など、少なくともいま進んでいるプロジェクトがうまく回っているのか判断がつきます。

これから日課として、毎日少しずつグーグルアナリティクスの解析レポートを眺めるようにしてください。アクセス数や成約率などの推移を継続して見続けることで、「あれ？ 今日はアクセス数が増えているな。なんでだろう？」など、必ず何かしらの変化を感じるようになります。さらに、数字に目が慣れてくると「うちのサイトに来る人の4割はスマホユーザー

なんだな」と、数字に対して1つずつ、自分の言葉がついていくようになります。

ちなみに、より深く学んでみたいのなら、Google の提供するアナリティクスアカデミー（https://analytics.google.com/analytics/academy/）など無料で公開されているオンラインコースを学ぶこともできます。

●チームで定期的に報告をし合うことも効果的

また、チームで改善を進めていくのであれば、定期的に数字の報告をし合うことも大切です。何週間、何ヶ月間と改善サイクルを回し続けていると、当然、数字の良い時もあれば、悪い時もあります。

主観や憶測ではなく、数字に基づいた会話が交わされるようになることで、隠れていた課題点や、逆にもっと拡大すべき施策が明らかになります。数字を報告をしてもらう担当者には、必ず意見や改善案を添えてもらうのです。そうすることで、次の1週間でなにを進めるべきか、新たな仕事が各自に割り振られることにもなるので一石二鳥です。

3 達成すべき明確なゴールを設定する

●ウェブサイトのゴールはコンバージョンを得ること

ウェブ解析の数字を読めるようになったら、いよいよ数値目標を設定します。

「このキャンペーンで、達成すべきゴールはなんだろうか?」

そう、ビジネスをしていく以上必ずゴールが存在します。すなわちコンバージョンです。

コンバージョンとは、日本語に訳すと「変換」「転換」といった意味を持つ英単語ですが、ウェブマーケティングにおいては、ウェブサイト上で獲得できる最終的な成果のことを指します。

例えば「商品の購入」「新規会員の登録」「メールマガジンの購読申し込み」といったことはすべてコンバージョンです。つまりウェブサイトの訪問者が、あなたにとって価値のある特定の行動に至った時、初めてゴールを達成したと言えます。もちろん、なにをもってゴールとするかは、あなた自身で決めることができます。

Webページで達成すべきゴールの例

○商品、サービスを購入する 　○動画や音声の視聴

○会員登録する 　○コメントする

○メールマガジンを購読する 　○SNSへのシェア

○資料請求する 　○寄付、クラウドファンディング

○お問い合わせ

●ゴールがきちんと設定されていなければマイクロコピーも効果を出せない

マイクロコピーがもっとも効果を発揮するのは、コンバージョンレートの改善、すなわちコンバージョンの数を増やすことですから、まずはなにをもってゴールとするかを決めなければ話が始まりません。

それに、ゴールがきちんと設定されていなければ、何でもかんでもページに詰め込んでしまい、ゲームセンターのようにゴチャゴチャしたウェブサイトになってしまいます。そうなると、お客さんの注意がそれたり、行動の妨げになる障害物が増えるだけで、何も良いことはありません。

これからウェブサイトを改善する際には、そのページで果たすべきゴールはなにかを、常に明確にしておいてください。

4 A/Bテストを活用する

●マイクロコピーによるウェブサイト改善には A/Bテストが不可欠

　マイクロコピーを始めとするウェブサイト改善の際には、A/Bテストによる検証が不可欠です。

　A/Bテストとは、簡単に言えばウェブページの一部分が異なる「Aパターン」と「Bパターン」を用意して、どちらが優れているかを判断するためのテストです。例えばウェブページに100人のアクセスがあれば、50人にはAパターン、もう片方の50人にはBパターンを見せて、成約率の優劣を明らかにします。

A/Bテストのイメージ

50%の訪問者が
Aパターンを見る

Aパターン

23%
の成約率

50%の訪問者が
Bパターンを見る

Bパターン

11%
の成約率

Google アナリティクスには A/B テストの簡易実施ツールが付属されていますから、まずはそれを活用するといいでしょう。

なお、2017 年 3 月に Google は「Google オプティマイズ 360」とその無償版「Google オプティマイズ」を正式版に移行しました（https://www.google.com/analytics/optimize/）。これにより、さらに本格的な A/B テストができるようになっています。

●米 Yahoo! の CEO が見つけ出した、41 種類の中の最高の「青」

なぜ A/B テストが大切なんでしょうか？

これについては、元・Google の 21 番目の従業員であり、米 Yahoo! の女性 CEO であったマリッサ・メイヤーの有名な逸話があります。それが「41 種類の青ボタンのテスト」です。彼女は Google の社員時代、部下のウェブデザイナーに、微妙に色の異なる 41 種類の青ボタンを、サイトの訪問者の 2.4% ずつに表示するよう命じました。どのグラデーションの青ボタンが、もっともクリック数を稼ぎ出すのかを特定するためです。

なぜここまでするのか？

Google はそのほとんどを広告料を収入源にしています。検索ボタンのクリック率の差が「手残り分」に影響するのです。コンマ 1% の成約率の違いですら、長期的に数十億もの収益差を生み出します。だからこそ、微妙な色の違いによる影響までこだわったというわけです。

いまあなたが Google のサイト上で見ているブルーボタンは、A/B テストによって導き出された最高の青なのです。取るに足らない小さな変更に見えるかもしれませんが、利益を生み出すための、もっとも信頼の置ける方法と言えるでしょう。

5 Google アナリティクス以外の高機能ツールを検討する

● Google アナリティクスよりも高機能なツールは多数ある

　もちろん最初は Google アナリティクスで十分なのですが、ウェブ解析ツールは Google アナリティクスに限らず、その他にも高機能なツールがリリースされています。慣れてきたようであれば、サイトの規模や、社内の管理体制、費用を考慮した上で、あなたに合ったツールを選択してみると良いかもしれません。

　ここで、主なツールを紹介しておきましょう。

Optimizely（https://www.optimizely.com/）

　ディズニーやソニーなど、世界的企業を含む7,000社以上が導入しているツールです。解析用のタグをコピー＆ペーストで設置することですぐに利用できます。また、コードを書く知識がなくてもドラッグ＆ドロップで、Aパターン、Bパターンのページを簡単に設定できるのも特徴です。CEOのダン・シロカーはオバマのオンラインキャンペーンで大活躍した中心人物でもあります。

Visual Website Optimizer（VWO）（https://vwo.com/jp/）

　世界2位のシェアを誇る、インドのWingify社提供のA/Bテストツール。海外ではOptimizelyと比較されることが多いようです。有料ツールの中でも「価格は競合の1/3以下」という低価格性を打ち出し、標準でヒート

マップの解析機能が入っている点が特徴です。こちらも HTML/CSS の知識やデザイナー不要で A/B テストを実施することができます。

Kaizen Platform（https://kaizenplatform.com/ja/）

国内の大企業を中心に広く導入されているサイト改善ツールです。Web上の管理画面でテストパターンを簡単に作成できるのはもちろんのこと、登録されている 1,000 名近いグロースハッカーたちから改善案を集めることができます。逆にグロースハッカーとして登録し、企業のサイト改善に貢献することで報酬を得ることもできます。

6 マイクロコピーが機能するための前提条件をチェックする

●マイクロコピーを使うために必要な3つの条件

　マイクロコピーはとてもパワフルなコピーですが、その力を100%フル活用するには、いくつかの前提条件を満たしている必要があります。ビルを2階から作ることはできないように、骨組みのしっかりとした土台があってこそ、初めて力を発揮するのです。

　そこで、マイクロコピーに取り組む前に、あなたのウェブサイトについて以下の点を確認しておいてください。

①ウェブサイトに商品やサービス、コンテンツが用意されているか？

　当然ですが、商品、コンテンツのないウェブサイトからは成約は生まれません。あなたのウェブサイトでは、お客さんが望んでいる商品を販売しているでしょうか？　好奇心を駆り立てられるような、面白いコンテンツを十分に用意していますか？

②トラフィック＊があるか？

　言うまでもありませんが、アクセスのないウェブサイトからはコンバージョンは生まれません。PPC広告＊などを出すことによってアクセスを「買う」こともできますが、広告予算がない場合には、まずコンテンツを増やして、オーガニック検索＊からの訪問者を増やすことに注力してください。

③致命的なシステムエラーや欠陥はないか？

　文字化け、リンク切れ、システム周りのエラーなどは、マイクロコピーのカバーできる範疇ではありません。一度、ニュースレターの購読フォームや、ショッピングカートなど、自社のウェブサイトを隅々まで使ってみることです。1つ1つのサイトの機能が、きちんと動作していることを確認してください。

＊ トラフィック　　　サイトやページの間を行き来する訪問者の流れ。
＊ PPC 広告　　　　掲載にはコストがかからず、広告が実際にクリックされた回数分だけ費用が発生する、クリック課金型のインターネット広告。
＊ オーガニック検索　検索エンジンの検索結果画面において、リスティングのような広告枠を含まない、通常の検索結果部分のこと。

7 優れた事例をたくさん見る

●事例を真似てみるだけで効果が出ることもある

マイクロコピーは何もすべて自分で考えなければならないものではありません。まずは、他のウェブサイトで効果を上げたマイクロコピーを取り入れてみるというのも効率的な方法です（もちろん検証は必要ですが）。

世の中にはすでにたくさんの優れたマイクロコピーが存在しています。これらの事例を知ることで、サイト改善の相当な時間の短縮になるでしょう。

また、たくさんの事例を見ることで、マイクロコピーが相手の心理のどの部分にアプローチしているのか、より深く知ることができるはずです。初めのうちは、コピーをどのように書くかということよりも、お客さんの立場になって、気持ちを理解することに努めてください。マイクロコピーはライティングスキル、というよりは顧客理解のスキルだからです。

　コピーライティングはインターフェイスデザインである。ピクセルやアイコン、書体にこだわるのであれば、すべての文字も同じように扱わなければならない。

—— ジェイソン・フリード（37signals）

そこで本書では、このあとに続く第3章から、国内外のウェブサイトで使われている優れたマイクロコピーの実例をご紹介していきます。

48

あなたのウェブサイトでも使い回しの効くベーシックなものや、A/Bテストにより成約率をアップさせた効果実証済みのものを中心にピックアップしているので、これらの事例から、そのエッセンスを取り出してみてください。

海外の事例も多く含まれていますが、だからと言って日本で使えないということはありません。特別な商習慣がある場合を除き、消費者の行動心理は、国や住んでいる地域を問わず、普遍的なものです。本書では、あなたのウェブサイトでも使える事例のみを選んでいます。

さあ、準備はできたでしょうか？

それでは、始めましょう。

50

第3章
思わずクリックしたくなる強力なコンバージョンボタンのマイクロコピー

商品の購入ボタンやサービスの申し込みボタンなどのボタンを、コンバージョンボタンと呼びます。コンバージョンボタン周りは、マイクロコピーがもっとも活躍する場所です。コピーの訴求や、言い回しの違いによって、成約率が大きく変化するからです。

1 コンバージョンボタンのマイクロコピーの重要性を意識する

●「これが完全無欠で最善のボタンなんだろうか？」

2007年11月、Googleのプロダクトマネージャー職をやめて、オバマの選挙対策チームの一員となったダン・シロカー＊は、オバマ陣営のキャンペーンサイトの課題点を見つけるため、Googleアナリティクスによる解析をしていました。

キャンペーンサイトでは、メルマガの購読を申し込むために、メールアドレスを記入したのち、「登録する」という赤いボタンをクリックする必要がありました。シロカーが着目したのは、まさにこの赤いボタンです。

「これが完全無欠で最善のボタンなんだろうか？」

●大統領選でオバマを勝利に導いたマイクロコピー

そこで彼は、キャンペーンサイトに、4種のボタンと6種のアイキャッチを用意しました。4×6＝合計24の組み合わせを、ウェブサイトの訪問者に振り分けて表示させ、サインアップ率のもっとも高いパターンを検証したのです＊。

＊ ダン・シロカー　　世界でトップシェアを誇るA/BテストツールOptimizelyの現CEO。
＊ 〜を検証したのです　ウェブテストの期間中、キャンペーンサイトには合計310,382人の訪問者があり、それぞれの組み合わせは約13,000人に閲覧された。

52

ボタンのバリエーション

![JOIN US NOW / LEARN MORE / SIGN UP / SIGN UP NOW]

イメージ写真のバリエーション

画像引用元：mailmunch.co

すると、どうなったでしょうか？

「JOIN US NOW（すぐに参加する）」「LEARN MORE（もっと情報を知る）」「SIGN UP（登録する）」「SIGN UP NOW（今すぐ登録する）」の4つのボタンのうち、もっとも読者を集めることができたのは、「LEARN MORE（もっと情報を知る）」のボタンでした。

さらに、「LEARN MORE（もっと情報を知る）」のボタンと「オバマファミリー」の写真の組み合わせは、24パターンの中でもっとも高い購読率を記録し、オリジナルのページに比べて40.6％も改善していました。

この新パターンの特定によって、最終的にオバマ陣営は、新規購読者

を288万人も追加で獲得することができたのです。

　しかもそれだけではありません。メルマガ読者のうち、約28万人がオバマ陣営のボランティアに加わり、読者平均21ドルもの寄付をしてくれたので、最終的に約6,000万ドルもの追加の寄付金を手にすることができました。

　シロカーによるこのウェブテストが、オバマを勝利に導いたと言っても過言ではないでしょう。

● 多くのコンバージョンを得るには
マイクロコピーを最適化する必要がある

　このメルマガの購読申し込みボタンなどのように、ユーザーをウェブサイトの訪問者から顧客に転換（コンバージョン）させるためのボタンのことを、コンバージョンボタン（またはコール・トゥ・アクションボタン）と呼びます。

　コンバージョンボタンは単なるボタンではありません。ほとんどのウェブサイトにおいて、コンバージョンボタンを押してもらうことが最終的なゴールとなっています。したがって、ほんの小さな箇所かもしれませんが、収益に直結する重要な部分なのです。

　そして、少しでも多くコンバージョンさせるには、ボタン上に書かれたマイクロコピーを、最適化しなければなりません。クリックを促進し、コンバージョンにつなげるために、相手に行動を呼びかけ、喚起するマイクロコピーが必要です。

　あなたのサイトでも、コンバージョンボタンは常にA/Bテストの対象として、新しいアイデアを試すようにするべきなのです。

2 ボタンラベルではベネフィットを伝える

●見込み客はクリック直前まで「行動しない理由」を探している

手続きを大げさにするのではなく、価値を大きく伝える——これこそが、コンバージョンボタンのボタンラベルの書き方です。

セールスレターでどれだけ説得できたとしても、見込み客はボタンをクリックする直前まで、何かしらの「行動しない理由」を探しています。それは予算や到着日数のことだったり、人によっては、ただ面倒臭いというだけだったりします。

そこで、ボタンラベルでは「登録する」「フォームへ移動する」「ダウンロード」といった手続き内容だけではなく、行動した先にあるベネフィット*を伝える必要があります。

●「無料」は見込み客を行動させる強力なベネフィット

ベネフィットには様々なものがありますが、「無料」は、広告の世界でも古くから使われる、もっとも強力なワードの１つです。あなたがなにか無料でサービスやコンテンツを提供しているのなら、このベネフィットを利用しない手はありません。

Mozilla のウェブブラウザ、Firefox のダウンロードボタンには「無料ダ

＊ベネフィット　　製品やサービスを利用することで消費者が得られる有形、無形の価値のこと。

ンロード」と書かれています。

また、クラウド会計ソフト freee の新規登録ボタンには「無料で青色申告を始める」と書かれています。

Firefox のダウンロードボタン

無料ダウンロード

freee の新規登録ボタン

❯ 無料で青色申告を始める

ただし「無料」が効果を発揮するのは、お客さんがお金を払っても良いと思うくらいに価値のあるものを、本当に無料で提供している時だけです。世の中には無料でもいらないものが溢れています。誰もが無条件で反応するわけではないので、提供するものについては十分吟味してください。

●ボタンの真横にコピーを入れても効果がある

他にもこんな事例があります。

オランダの連絡先管理サービス Soocial（現 viadeo）では、サインアップボタンの真横に「Its free!（無料!）」と入れたところ、たったそれだけでサインアップ率が 28％もアップしました。

Soocialのサインアップボタン（オリジナルパターン、サインアップ率14.5％）

Soocialのサインアップボタン（パターンB、サインアップ率18.6％）

　これも「無料」がもたらす効果の1つです。このように、ボタン周りに書かれるメッセージも、成約率のアップに一役買ってくれます。

3 ボタン周りにクリックトリガーを添える

●クリックトリガーは相手の迷いを断つためのマイクロコピー

copyhackers.com のコピーライター、ジョアンナ・ウィーブは、ボタン周りに書かれるある種のコピーのことをクリックトリガーと呼んでいます。

クリックトリガーは、ユーザーが決断を下す瞬間に、心理的な障壁を下げるためのマイクロコピーです。例えば、相手の「不安」「懸念」「疑問」を減らすためのメッセージが、それに当たります。

A/B テストツールを提供する vwo.com では、無料登録の際にユーザーが感じる「本当に無料なの?」「あとで課金されるんじゃないの?」といった不安を解消するために、クレジットカードの登録が不要であることをマイクロコピーで伝えています。

vwo.com のサインアップボタン

digit.co は、貯金がなかなかできない人でも、アルゴリズムが自動的に判断して、バランス良く貯金してくれるウェブサービスです。「Unlimited withdrawals. Bank-level security.（無制限の引き出し限度額、銀行レベルの安全性）」というマイクロコピーは、個人資産を扱うサービスとして、よくユーザーの気持ちを汲んでいるクリックトリガーでしょう。

digit.co のサインアップボタン

タイムトラッキングサービスを提供する Timely は、SNS アカウントと連携する際のユーザーの不安をケアするために、「We will never auto-post, spam your friends or auto-follow.（自動投稿、あなたの友人へのスパムメール送信、自動フォローはいたしません）」というマイクロコピーを添えています。誰だって、自分のプライベート情報が勝手にポストされるのは嫌ですよね？

Timely のサインアップボタン

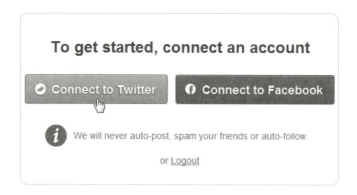

　これらの事例を見ると、ボタンラベルとその下に書かれるクリックトリガーは、互いに補完関係になっていることがわかります。まず先にボタンラベルのメッセージがあり、クリックトリガーは、その呼びかけに対するユーザーの反論に先回りします。いわば行動しやすくするための潤滑油のようなものです。

●クリックトリガーは3種類ある

　ここまで紹介してきたクリックトリガーは、「ファシリテーター型」と呼ばれるものです。これを含めて、クリックトリガーは大きく3種類に分けられます。

○ファシリテーター型 ……　不安、懸念、疑問を取り除くなど、行動をしやすくするもの。
○スパーク型 ………………　ベネフィットなど、行動への意欲をかき立てるもの。
○シグナル型 ………………　行動の後押しとなる情報を知らせたり、思い出させたりするもの。

例えばシグナル型のクリックトリガーの例として、オランダのリップグロス店シンシアでは「注文する」ボタンの真下に「送料 4.95 ユーロ（25 ユーロ以上のご注文で送料無料）」と添えたことで売り上げが 60.1% もアップしました。

シンシアの「注文する」ボタン（改善前）

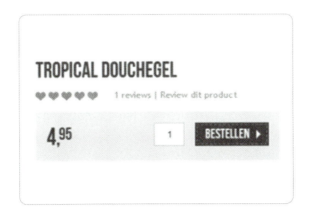

シンシアの「注文する」ボタン（改善後）

私が経営する株式会社オレコンで発行しているメルマガの購読ページでは、スパーク型のクリックトリガーをテストしています。従来のコピーから、ベネフィットを後押しするクリックトリガーに差し替えたところ、75.69%ものコンバージョンの違いが生まれました。購読申し込みのページにはFacebook広告を稼働させていたため、このA/Bテストにより、広告費用を大幅に節約することができました。

オレコンのメルマガ購読ボタン（オリジナルパターン、コンバージョン率11.84%）

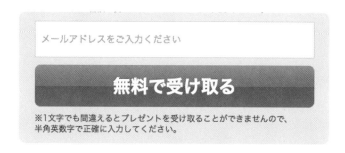

オレコンのメルマガ購読ボタン（パターンB、コンバージョン率20.81%）

friendbuy.com では、「無料トライアルを始める」ボタンのすぐそばに、顧客の声を加えたところ、無料お試しへの登録率が15% アップしました。これもシグナル型のクリックトリガーと言えます。自分たち自身で製品の良さをアピールするより、第三者のお客様の声の方が、信憑性が高く、なおかつ説得力があるのです。

friendbuy.com の「無料トライアルを始める」ボタン（オリジナルパターン）

friendbuy.com の「無料トライアルを始める」ボタン（パターンB、成約率15% アップ）

加えて、friendbuy.com ではパターン C として、ボタンに 2 つのクリックトリガー「ご利用にクレジットカードは不要」「招待状、特典＋その他をカスタマイズする」を追記したものも試しており、これは登録率が 34% もアップしています。

friendbuy.com の「無料トライアルを始める」ボタン（パターン C、成約率 34% アップ）

● クリックトリガーとして使えるもの

このように、ボタン周辺にも、成約率を大きくアップさせる可能性が眠っています。クリックトリガーを作る際には、次のような訴求で A/B テストしてみると良いでしょう。

クリックトリガーとしてよく使われるものの例

○顧客のリスクを取り除くもの　○利益または成果

○ベネフィット　　　　　　　　○サポート、保証

○行動の後押しとなる情報　　　○星によるレビュー評価

○お客様の声　　　　　　　　　○セキュリティアイコン

○数字、データの証明

---

4 ユーザビリティを高めるためにも マイクロコピーを使う

●「詳しくはこちら」ボタンがスムーズなサイト回遊を妨げる

ここまではコンバージョンボタンについて触れてきましたが、次ページへ送るためだけの汎用なリンクボタンも、サイト内を回遊する上では大切な役割を担っています。

例えばよくあるマイクロコピーの間違いに「詳しくはこちら」ボタンが挙げられるでしょう。このようなコピーではアクセシビリティ* 上の問題を生じさせます。つまり、その前の文章をきちんと読んでいなければ、このボタンのリンク先になにが待つのかわかりません。

ウェブユーザビリティの第一人者、ヤコブ・ニールセン博士は次のように語っています。

> 月並みな Web ページの場合、平均的アクセス中にユーザーが読むテキストの量は多くても全体の 28%にすぎないという分析結果が出た。より現実的には、20%程度と見られる。
>
> ——ヤコブ・ニールセン博士

「詳しくはこちら」ボタンでは、このような、サイト内のテキストをほとんど読まない流し読みユーザーに対しても、「詳しく」がなにを指すのか

---

* アクセシビリティ　Web サイト上における、情報やサービスへのアクセスのしやすさのこと。

65

第3章　思わずクリックしたくなる強力なコンバージョンボタンのマイクロコピー

問うことになってしまうのです。この余計なワンクッションが、スムーズな行動を妨げてしまいます。

●リンクボタンのマイクロコピーではプロセスを予告する

ですので、リンクボタンには、ニールセン博士が言うところの「情報の匂い」をできるだけ染み込ませてください。その行き先が当たりかどうかを判断する手がかりを残しておけば、お客さんは最短距離で目的の情報に辿り着くことができます。

例えば Amazon プライムのボタンには、一目見ただけでもわかりやすいコピーが使われています。

Amazon プライムのボタン

このように、リンクボタンのマイクロコピーでは、次のページで起こるプロセスを予告するといいでしょう。例えば次のような感じです。

データが示す通り、オンラインのユーザーがウェブ上のコピーを丁寧に読むことは稀です。マイクロコピーを具体的、説明的なものにしておくことは、訪問者が素早く情報を嗅ぎ分ける助けになります。

リンクボタンのボタンラベルの例

○このセミナーに参加する

○お客様の声を読む

○お歳暮商品を見る

○入力した情報を確認する

○トップページに戻る

○他のセール品を見る

○お気に入りに追加する

もし、ライバルと同じ商品を売っているのに、売り上げに大きな差が出ているようなら、商品のマーケティング方法だけでなく、サイトの使いやすさにも、原因がある可能性があります。コピーさえ良ければ……と考えず、すべてのセールス動線が、使いやすさの上に成り立っていることを忘れないでください。

5 簡潔なコピーにする

●長すぎるコピーは読まれない

　具体的・説明的なコピーにしようとすればするほど、どうしても言葉を足してしまいがちです。

　しかし、わかりやすさと引き換えに、簡潔さを失ってはいけません。行動を呼びかける際には、できるだけ短く済ませることです。

　道路標識を考えてみてください。あなたが高速道路を時速120kmで運転していたとして、看板を認識してから、一瞬で通り過ぎるまでの間に、書かれている言葉を理解することができるでしょうか？　読むのに1秒以上かかるようなものでは長すぎます。

　ですので、インターフェイス周辺のコピーでは、言い回しを変えたり、同一表現(類語)でわかりやすいものがないかを考えながら、言葉を組み立てていくことになります。

　「もっと短くできないか？」「直接的な表現に替えられないか？」を考えてみましょう。ウェブユーザーは活字を追うように「読む」のではなく、ページ全体を面で「ざっと見る」傾向にあるからです。

　これはセールスライティングにも共通することですが、コピーは長さではなく効果が重要になります。伝わらないことを恐れて言葉を足していくのではなく、そもそもの言葉選びに慎重になってみてください。

6 アクション指向の言葉を使う

●「送信」ボタンはコンバージョン率が低い

あなたのサイトに「送信」ボタンを使っているなら、数パーセントほどのコンバージョンアップが見込めるかもしれません。

ソーシャルメディアの専門家、ダン・ザレラによると、40,000 ものランディングページを調査した結果、「送信」ボタンが使われているランディングページでは、他の用語を使用したものよりもコンバージョン率が低い傾向にあることがわかりました。

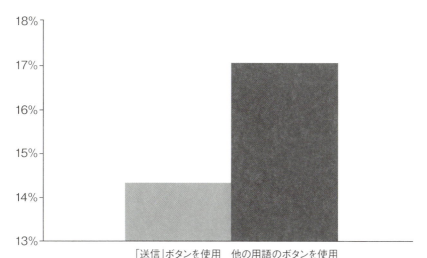

送信時のコンバージョン率

● 能動的な言葉がユーザーの行動を引き出す

したがって、コンバージョンボタンでは、「送信」「購読」「登録」など単語だけのコピーは避け、できるだけアクション指向の言葉を用いることです。能動的な言葉選びは、生き生きした印象を与え、ユーザーの行動を引き出します。

能動的なコピーの例

○問い合わせる

○今すぐ申し込む

○席を確保する

ボタンに限らず、例えば、決済方法の選択を呼びかける場合にも、「お支払い方法は以下の通りです」「以下のお支払い方法が選択できます」「以下のお支払い方法を利用可能としております」と言うよりも、「お支払い方法をお選びください」の方が、相手のアクションを引き出す表現となります。

ただし例外として、アプリの操作・選択ボタンなど、機能的な役割が強いボタン、使用頻度の高いボタンには、シンプルなコピーを用いた方が良いでしょう。

7 タイミングワードを使う

行動を後回しにさせないことが重要

お客さんが行動を後回しにしないように、緊急性をアピールすることも大切です。例えば、次のような感じです。

緊急性をアピールするマイクロコピー例

今すぐ購入する

「今すぐ」のような言い回しは、ウェブサイトの訪問者に対して、いまこの瞬間に行動をすべきだということを伝えます。一度離れてしまった見込み客は、メールなどで呼び戻さない限り、購入に至る可能性が極めて低くなるのです。過去に米アマゾンでは、「あとで買う」ボタンが目立つようにでかでかと設置されていましたが、現在では控えめな、小さなテキストリンクに変更されています。

第3章 思わずクリックしたくなる強力なコンバージョンボタンのマイクロコピー

米アマゾンの「あとで買う」ボタン

● 「あとで……」が有効なケースもある

　サイト機能として「あとで買う」が有効なのは、アマゾンのように、自ら戻ってきてくれるリピーターが多い場合です。最近では女性を中心に、自分の気に入った商品をとりあえずカゴの中に入れておいて、給料日後や、買いたいタイミングになったら、その中から本当に欲しいものを選んで買う、という人が増えてきています。

　その他のケースで「あとで……」が有効なのは、リンク先の手続きに時間がかかる場合でしょう。イギリスのコーポラティブ銀行のウェブサイトでは、ローン申請のボタンの下に「あとで入力したい場合は、いつでもフォーム内容を保存できます」と記載したところ、「申請には10分かかります」と書くより申請完了率が5.1%アップしました。

　つまり、ユーザーにとって重大な決断だったり、じっくりと考えなければいけない場面では、「あとでいいですよ」「あなたのペースで申請できますよ」と言ってあげる方が良いのです。

8 お試しできることや試用期間を伝える

● 人には返報性の原理が働く

「お試し」は、なかなか行動してくれない相手に、重い腰を上げてもらうためのマジックワードです。支払いの約束や、束縛がないため、心理的な障壁がぐっと下がります。大半の消費者は、自分がその商品を今後も使い続けるかどうか、ジャッジするための猶予期間や、価格のアドバンテージが欲しいと考えています。

加えて、人には返報性の原理というのが働いており、他人から何らかの施しを受けた場合、自分もお返しをしなければならないという感情を抱きます。先にこちらから無償で提供することで、その後、成約につながる可能性が、ぐんと高くなるのです。

ぜひトライアル期間や無料サンプルを用意して、それをマイクロコピーでアピールしてサービスへ招き入れてみてください。お客さんを、いまお金を支払うかどうかについて悩ませないことです。

Zendesk のサインアップボタン

Zendeskを無料トライアル

Netflix のサインアップボタン

digit.co のサインアップボタン

Try Digit free for 100 days. Only $2.99/mo afterwards.

Sign Up For Free

9 数字で伝える

●手続きにかかる目安時間をあらかじめ伝える

　オンライン見積もり、口座開設、新規会員登録などの手続きは、どれだけの時間を要するのか、見当がつきにくいものです。面倒臭がりな人に、今すぐ行動してもらいたければ、手続きにかかる目安時間を、あらかじめ伝えると良いとでしょう。

　オランダのエネルギー供給企業 Eneco の見積もりボタンの事例では、「今すぐ計算する」よりも「1 分で計算する」のコピーの方が 16% も計算する人が多い、というテスト結果になりました。

Eneco の見積もりボタン

こちらの方がクリックされた

●信憑性と説得力を高める

　また、コピーに数字を使うことには、信憑性と説得力を高める効果もあります。

　デジタル音楽配信サービスのSpotifyでは、無料体験のベネフィットをもっとも目立つボタンラベルで伝えていますが、そこに数字を盛り込んでいます。加えて、クリックトリガーで「その後はわずか月額¥980」と無料トライアル終了後の金額をあらかじめ伝え、ユーザーの不安を軽減させています。

Spotifyのサインアップボタン

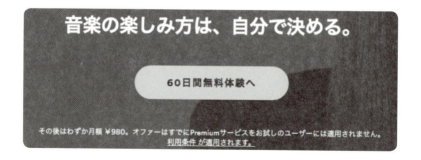

　逆に、クリックトリガーにあいまいな表現を使うと、かえってサービスの魅力をつかみどころのないものにしてしまうので注意が必要です。

あいまい言葉一覧

○より良い

○ほとんど

○出来る限り

○レベルアップする

○明確化する

○向上する

○努力する

（がんばる、全力でやる）

○質を高める

○目指す

○深める

○徹底する

○支援する

○強化する

○効率化する

○改善する

○定着化する　など

●数字の表記方法にはコツがある

先ほどの Spotify のマイクロコピーを見てみると「2ヶ月」と書かずに「60日間」と表記していますよね？　実は、数字の表記方法には、ちょっとした見せ方のコツがあります。

ここで1つ質問ですが、次のうち、あなたならどちらの方が期間が長く感じるでしょうか？

○7～21日

○1～3週間

見ての通り、どちらも期間の長さは同じです。しかし、オックスフォード大学の最近の研究では、今すぐ判断が必要かどうかによって、相手に与える印象が変わることがわかっています。

具体的には、今すぐ決定が必要な場面では、人は具体的なことに考えを巡らせ、「数字」に注意を向けます（下図中のA）。一方、決断を急がない場面では、人は抽象的なことに考えを巡らせ、「単位」に注意を向けます（下図中のB）。

例を交えて、ご説明しましょう。

例えば、お客さんへ商品の到着目安を伝える時は、次のようなロジックでコピーを設計してみてください。

つまり、いままさに購入を検討しているお客さんには数字が小さくなるように伝え、すでに購入が完了しているお客さんには単位（時、日、週、月、年など）が小さくなるように伝えることで、商品がすぐに届くイメージを演出できるのです。

もう1つ例を出してみましょう。

eFax のサインアップボタン

30日無料トライアル　**2分でお申込み**

この場合、お客さんは検討中の段階でこのボタンラベルを見ています。先ほどのルールに従うと、数字に注意が向く段階です。そこで、「無料トライアル期間」は数字が大きくなる単位を選ぶことで、たっぷりと長いことを伝えています。一方、「お申し込み」の手続きは、すぐに済むことを伝えたいので、数字が小さくなる単位を選んでいます。

Spotify のケースでも、お試し期間が長いことを伝えたいので、「60 日間無料体験へ」と数字を大きくして伝えていますよね？　このように数字や単位を調整することにより、お客さんへの効果的な訴求ができるのです。

10 社会的証明の原理を使う

● 大勢が下した判断が正しい

初めて訪れた街でラーメン屋さんを探す時、「閑散としているお店よりも、行列のできているお店の方が美味しいはずだ」と考えるでしょう。私たちは、なにかを判断しなければならない時「大勢が下した判断が正しい」と考える傾向にあります。

これを社会的証明の原理と呼ぶのですが、この原理を使ったマイクロコピーで、相手に安心感を与え、行動のリスクが低いことを暗示することができます。

例えば、価格.com の自動車保険見積もりサービスの申し込みボタンでは、「先月のご利用数 40,024 人」というマイクロコピーで安心感を与えています。

価格.com の自動車保険見積もりサービスの申し込みボタン

また、「人生一度。不倫をしましょう」のスローガンを掲げていたことで一部で話題になった、既婚者向けの出会い系 SNS アシュレイマディソンでも、「52,305,000 人以上のメンバー」というマイクロコピー。赤信号、

みんなで渡れば怖くない……と同調を誘っています。

アシュレイ・マディソンのサインアップボタン

52,305,000人以上のメンバー*

あなたにおススメのお相手を見る

11 節約できることを伝える

●節約は買い物をする上で何よりのメリット

節約は、買い物をする上で何よりのメリットですよね？

タスク管理ツールを提供する jooto.com では、クーポンコードを発行して、お試し登録を促します。「30 日間無料」と伝えるのも良いですが、時にはクーポンの体裁にしてみるなど、訴求の表現にバリエーションを持たせて A/B テストしてみてください。

jooto.com のサインアップボタン

カード決済端末を提供する square では、サービスを比較しながらウェブサイトを巡回しているユーザーを想定して、決済手数料の安さ（他社より節約できること）を訴求ポイントにしています。

square.com のサインアップボタン

決済手数料3.25%　今すぐ始めよう

　スキンケア商品を扱うエトヴォスでは、様々な特典を列挙したブレット（箇条書き）と共に、ボタンラベルに「特典を受けて購入」と入れることで、ベネフィットをしっかり訴求しています。

エトヴォスのサインアップボタン

ご利用が初めてのお客様

エトヴォスならではのうれしい特典がいっぱい

① 入会金・年会費 無料！
② トライアルセットが 500円OFF
③ お得な情報 をいち早くお届け！
④ お買い物で貯まる ポイント特典
⑤ お誕生日月には 1000円クーポン
⑥ ショッピングが 簡単・便利に！

特典を受けて購入

第3章　思わずクリックしたくなる強力なコンバージョンボタンのマイクロコピー

12 推薦の声を伝える

●権威ある人物の推薦の言葉が購買意欲を高める

　私たちは医者や大学教授、CEO など、権威ある人物の言葉を信じる傾向にあります。あなたが販売している商品や、サービスの利用者に、もし力を持った人物がいるのなら、推薦をお願いをし、それをマイクロコピーとして使用してみるのも良いでしょう。それだけでお客さんの購買意欲を、高めることができます。

　タスク管理サービス Taskworld のサインアップボタンの下には、CEO の推薦の声が掲載されています。

Taskworld のサインアップボタン

　ただし注意点として、推薦をもらうのは「あなたにとって権威のある人物」ではなく、「あなたのお客さんにとって権威のある人物」でなくてはなりません。

●お客様の声も強力なトリガーになる

　また、権威ある人物の推薦と同じく、レビュー評価（お客様の声）も強力なトリガーの1つです。自分で自分の商品を褒めるよりは、第3者による公正な評価の方が、お客さんにとって信用できるものです。店舗でレジに並んで待っている間にスマホで口コミを読み、購入を考え直したことのある人は、4人に1人もいるというデータもあります。

　Amazonでは、マウスカーソルを合わせると、「5つ星のうち4.3」のマイクロコピーと共に、星評価の内訳がポップアップで表示されます。

Amazonのポップアップ

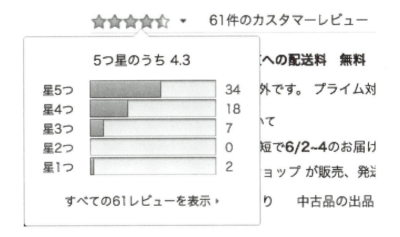

13 保証、アフターサービス、リスクフリーを伝える

●保証で不安を取り除く

保証や、行き届いたアフターサービスがあれば、お客さんのリスクを最小限に抑えることができます。

例えば、オンライン学習サイトのUdemyでは、受講ボタンの下に「30日間返金保証」というマイクロコピーを添えることで、授業の内容に満足できなかった場合のリスクをケアしています。三日坊主になったり、内容が難しすぎたらどうしよう、とお客さんの心は不安でいっぱいです。30日間の返金保証があるのなら、「それなら……」と一歩踏み出せるでしょう。

Udemyの受講ボタン

カートに追加する

30日間返金保証

ウォールストリートジャーナルでは、有料デジタル版の購入に「解約はいつでも可能です」というマイクロコピーが添えられています。継続課金ビジネスでは6ヶ月、1年縛りといった長期契約を不安に思う人もいるため、リスクがないことを積極的に伝えていく必要があります。

ウォールストリートジャーナルの有料デジタル版購入ボタン

購読のお申し込みはこちら

解約はいつでも可能です。

14 小さな支援（寄付）を求める

● お願いごとは、タイミングが大事

あなたがアプリやウェブサービスを無償で提供しているなら、こんな方法で寄付を募ることもできます。

写真素材を無料でダウンロードできるサイト Pixabey では、画像をダウンロードした直後に、「私たちにコーヒーをご馳走してください」のマイクロコピーが現れます。返報性の原則を利用した表示のタイミング、フレンドリーな言い回しも含め、とても上手な寄付の募り方ではないでしょうか？

Pixabey のマイクロコピー

このほかにも、SNS へのシェアや、レビューへの記入をお願いすることもできます。サイトの規模が大きくなるほど、長期にわたるほど、たった一言添えておくかどうかの違いが大きいのです。ほんの些細なことかもしれませんが、マイクロコピーを適所に配置して、常に何かしらのアクションを求めるようにすると良いでしょう。

15 アイコンのユーザービリティ向上にマイクロコピーを使う

●デザインだけでは機能は伝わらない

コンバージョンを得ることに直接関係しているわけではありませんが、アイコンも一種のボタンと言えます。もしあなたがアイコンボタンを使うことがあれば、マイクロコピーを添えるようにしてください。

UserTesting.com のテスト報告では、ハートのアイコンに「お気に入りに追加する」のマイクロコピーを添えたことで47%、フラッグのアイコンでは「グループ」のマイクロコピーを添えたことで159% も、ユーザービリティが向上しています。

アイコンの使いやすさの調査結果

引用元：UserTesting.com Human-Centered Copywriting

これはアイコンのデザインだけでは、何の機能を示すものなのか、理解するのが難しいことを示しており、相手に解釈を委ねずに、きちんと言葉で伝えることが、ユーザービリティ上、とても大切だということがわかります。

アイコンのデザインと機能

○検索？　それともズーム？

○閉じる？　それとも削除？

○お気に入り？　ブックマーク？　星評価？

16 リンクで約束したことは必ず守る

コピーとリンク先の整合性に気をつける

　ここまで、いくつかのボタンの事例をご紹介してきましたが、ボタンのラベルにどのようなコピーを使うにせよ、書き入れた以上は、必ずその約束が果たされなければなりません。

　例えば、ボタンに「今すぐ無料で読む」と書いてあるのに、リンク先ではフォームが現れ、サインアップが必須になっていれば、お客さんは騙されたと思うでしょう。登録が必要なら「今すぐ」になど読めないからです。一度でもお客さんをあざむく真似をすると、サイトへの不信感を募らせることになってしまいます。

　特に、ボタンだけを先行して設計すると、コピーとリンク先の整合性が取れていない、ということが起きがちですので、必ずボタンのリンク先も確認するようにしてください。何より、決して強引にリンク先へ飛ばそうとは思わないことです。

リンク切れにも注意が必要

また、リンク切れにも十分な注意を払ってください。

　丁寧なサービスや、商品の安心安全を謳っていても、リンク切れが1つあるだけで、ウェブサイトすら管理できない会社、と思われてしまうからです。無料のリンクチェッカー（http://deadlink.tv）や、ワードプレス

を使っている場合は、フリーのプラグインなども見つかります。こういったツールを活用して、1ヶ月に1度は、定期的にリンク切れをチェックするようにしましょう。

第4章
会員獲得を容易にするサインアップフォームのためのマイクロコピー

　顧客の囲い込みをするためにサインアップ（会員登録）してもらう、というのは有効な戦略です。しかし、様々な個人情報を入力して提供する行為に、顧客は大きな抵抗感を持っています。その壁を乗り越えさせるためにも、マイクロコピーは役立ちます。

1 サインアップせずにサービスを利用できる方法を用意する

●とある小売業の EC サイトの失敗

　あなたのビジネスを前進させるために、顧客にサインアップ（会員登録）してもらいたいと考えるのは自然なことです。サインアップしてもらえれば、顧客の囲い込みが可能になり、当然そのあとも、リピーターとして商品を買ってくれる可能性が高くなります。

　しかしながら、それを顧客の側は本当に望んでいるのでしょうか？

　代表的な事例として、UIE の創設者、ジャレッド・スプールが手がけた、とある小売業の EC サイトのエピソードをご紹介しましょう。その小売業の EC サイトでは、次のようなフォームが使われていました。

サインアップフォームのイメージ

メールアドレス	
パスワード	

　　　　ログイン　　　登録

パスワードをお忘れですか？

メールアドレスとパスワードの入力欄、ログインボタンと会員登録のボタン、そして「パスワードをお忘れですか？」のテキストリンクが書かれた、どこにでもある典型的なものです。このフォームは、お客さんが欲しい商品をカートに入れ、購入ボタンを押すことで表示されるようになっていました。

問題だったのは、初めて買い物をする時に、必ず会員登録をする必要があったということです。

なぜそうしたかと言えば、制作チームとしては、登録を済ませておけば、次回からの買い物が、楽になると考えていたからです。それに、その方が顧客管理にも便利でした。

●ユーザーテストで判明した思いもよらない事実

しかし、ウェブサイトで買い物をする予定のある人たちに協力してもらい、ユーザーテストをおこなってみると、この会員登録が、顧客に嫌がられていたことがわかりました。多くの人が、買い物のために登録が必要だとわかると、途端に嫌悪感を示し始めたのです。「登録して交流を深めるためにサイトを使ってるわけじゃない。商品を買いたいだけだ」と、ある買い物客の1人は言いました。

しかも、それだけではありません。ユーザーテストをおこなったことで、思いもよらない事実が次々と明らかになったのです。

○一部の人はサイトで買い物するのが初めてかどうかを覚えておらず、
　普段使っているメールアドレスとパスワードを入力してログインできずに苛立っていた。

95

○登録ボタンをクリックしたユーザー全員が、登録に必要な情報がなにか知らない段階で諦めモードになっていた。

○多くの人が小売業者が広告を送りつけるために顧客の情報を収集していると思っていた。

○中には、プライバシーを侵害するための悪巧みに使われると思い込んでいる人もいた（実際にサイトの登録で必要なのは、名前や送り先、請求書の住所、支払い情報といった購入に関わる事柄だけ）。

悪いことに、ECサイトの担当者は、ユーザーテストをおこなうまで、この事実に気がついていませんでした。購入までの流れを、自分たちの基準で設計していたせいで、数え切れないほどの顧客を取り逃がしていたのです。

●年間収入を300億円も増やしたマイクロコピー

これらユーザーテストの結果を受けて、ジャレッドのチームが導き出した解決策はシンプルでした。「登録」のボタンをなくし、その代わりに「続ける」ボタンを設置して、簡単なマイクロコピーを添えたのです。

買い物をするためにアカウントを作成する必要はありません。続けるのボタンをクリックして支払いを済ませてください。今後の支払いをもっと簡潔にしたい方は、支払いの段階でアカウントを作成することもできます。

このマイクロコピーを添えたことで、売り上げがなんと45％もアップ。金額にすると1ヶ月でおよそ1500万ドル（約15億円）の売り上げ増になりました。驚いたことに、フォームを変更した初年度には、収入が3億ドル（約300億円）もプラスになったのです。現在このECサイトは、250億ドル（約2兆5000億円）規模にまで成長しています。

　この事例から学べることは1つ。あなたは、サインアップせずにサービスを利用できる方法を用意するべきだということです。

2 本当に必要な個人情報だけ預かる

●必要のない記入欄は1つでも減らした方が良い

とは言っても、会員登録は悪いことばかりではありません。ポイントを貯めたり、住所入力を不要にしたり、リピートしてくれるお客さんにとって必要な機能がたくさんあります。ECサイトに限らず、ウェブサービスや、クローズドなコミュニティでは、会員機能は必要でしょう。

そこで注意したいのが、サインアップ時には、本当に必要な個人情報だけを預かるということです。サインアップ時にどんな情報を求めるかは、提供するサービスの内容によりけりですが、カスタマーサポートや、マーケティングチームが必要とする、最低限の質問に留めてください。数多くのA/Bテスト結果で、フォームの数と、登録率には相関関係があることがわかっているからです。

中でも、旅行予約サービスのエクスペディアでは、フォームから「会社名」の記入欄を削除しただけで、年間およそ1200万ドルもの収益をアップさせています。大半の人たちが、サインアップに対して消極的である以上、必要のない記入欄は、1つでも減らした方が良いのです。

●非常によく考えられているZOZOTOWNの購入プロセス

その点では、国内のECサイトだとZOZOTOWNの購入プロセスが、非常によく考えられています。商品を購入するのに、会員登録は不要。唯

一、メールアドレスを入力して「注文する」をクリックすると、「ARIGATO!　ご注文ありがとうございます」と、次のページに進みます。実際はまだ、この段階では注文は確定していないのですが、先に「ありがとうございます」と完了した体裁でメッセージが表れるのがポイントです。

ZOZOTOWNの購入プロセス（「注文する」ボタンのクリック前）

省略

ZOZOTOWN の購入プロセス（「注文する」ボタンのクリック後）

ZOZOTOWN

ARIGATO!

ご注文ありがとうございます。

お届けに必要な情報を下記よりご入力ください

お名前 [必須]	例) 山田 太郎
郵便番号 [必須]	ハイフンなし数字7桁　　郵便番号を検索 ↗
住所 [必須]	市区町村、番地、建物名
電話番号 [必須]	例) 09012345678 ハイフンなし

〜〜〜〜〜〜〜〜〜〜〜〜〜 省　略 〜〜〜〜〜〜〜〜〜〜〜〜〜〜

決定

　あとは配送先の住所を入力して「決定」ボタンを押すだけ。もし、購入が確定されずに、カゴ落ち状態になったとしても、メールアドレス情報を先に頂かっているため、お店から「配送先のご入力はお済みでしょうか？」と、リターゲティングメールを送ることができます。お客さんの利便性を最優先に考えつつも、最低限必要な情報であるメールアドレスはしっかり確保している、とてもよくできた流れになっています。

3 まず自分から情報を積極的に オープンにする

●サインアップ率を伸ばすための基本ルール

サインアップ率を伸ばすための基本ルール。それは、「こちらから積極的に情報をオープンにしなければ、お客さんも心を開いてくれない」ということです。対面のセールスと同じで、あまりにも早い段階で、多くの情報を聞き出そうとすると、お客さんはあなたの元から離れていってしまいます。

信頼構築の第一歩は、「積極的な情報開示」です。ウェブサイトがどのように利用できるものか、時にはスクリーンショットを用意したり、サービス内容を2～3分にまとめたデモ動画が必要な場合もあるでしょう。それに、販売者であるあなた自身が、信頼に値する人物・企業であることを伝えなければなりません。

相手が必要としている情報

○サービス内容、商品の説明

○サイトの利用方法

○利用することによる
　ベネフィット

○基本料金、手数料、送料

○プランの説明、追加機能、
　プレミアム版に発生する料金

○具体的な購入方法

○配送方法と到着日数

○返金（返品）保証の有無

○お客様の声（レビュー）

○会社概要、取り引き実績

○ブログ記事

このような情報は、お客さんにとって、サービスを利用するかどうかの判断材料になります。わかりやすく、相手が知りたいことを、簡潔に伝えなければなりません。そのためには、マイクロコピーを活用する必要があります。

4 「なぜこの情報がサインアップに 必要なのか」を伝える

●プライベートな質問やサービスとは 無関係に思える質問は警戒される

　例えば、一般的なウェブサービスのサインアップ画面では、名前、メールアドレス、ユーザー ID やパスワードなどを登録するでしょう。ここまでは、よくあることですから何も疑問はありませんよね？

　では、次のような情報を求められた場合はどう感じるでしょうか？

プライベートなことや、サービスとは無関係に思える項目

- ○性別
- ○生年月日
- ○郵便番号
- ○住所
- ○電話番号
- ○所有しているウェブサイトの URL
- ○年収
- ○学歴

　このようなプライベートなことや、サービスとは無関係に思える質問には、極力答えたくないと思うのが本音でしょう。

103

●相手の不安を解消するマイクロコピー

そこでサインアップでは、相手を不安にさせないように「なぜ私たちはこの情報が必要なのか？」、相手が納得するだけの理由をマイクロコピーで添えてください。

例えばFacebookのサインアップ画面では、生年月日情報がなぜ必要なのかを説明しています。

Facebookのサインアップ画面

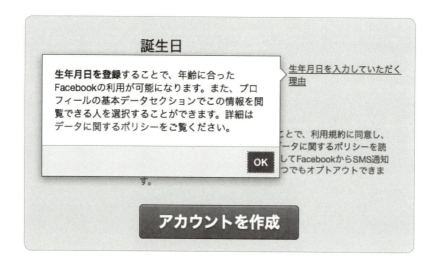

アメリカ国内に1,000店舗以上を構えるファッションブランド、ヴィクトリアシークレットのサインアップ画面もよくできています。「セールスの電話がかかってきたり、セールスメールが送られてこないだろうか？」というお客さんの懸念に、マイクロコピーできちんと答えています。

ヴィクトリアシークレットのサインアップ画面

CONTACT INFORMATION ─── 連絡先情報

Why do we need this? ─── なぜこれが必要なのですか？

Phone Number ─── 電話番号
We need this information in case we
need to call you about your order.
Email Address ─── Eメールアドレス
We need your email address to send
your order and shipping confirmation(s)
and we will also send exclusive news
about special offers and products.

Phone Number*

Why do we need this?

Email Address*

ご注文に関して、お電話で確認しなければならない場合に必要です。

あなたの注文と配達確認を送信し、また特別特典や商品に関する限定ニュースレターを配信します。

Dropboxでは、パスワードの作り方をアドバイスするマイクロコピーが表れます。ユーザーに堅牢なパスワード設定の必要性を感じさせることで、サービス自体のセキュリティ意識の高さをアピールできている例です。

Dropboxのサインアップ画面

名:

パスワード

ます

（無料）

推測されづらいパスワードを設定しましょう。あまり使われない言葉、内輪ネタ、標準外の大文字使用
（例：uPPercasing）、珍しいスペルや分かりにくい数字・記号を使用してください。

5 SNSに自動投稿しないことを伝える

●ソーシャルログインでユーザーが懸念すること

　最近では、アカウント登録を簡単にするために、ソーシャルログインボタンも多く使われています。しかし便利な反面、プライバシーがきちんと守られるのかどうか、SNSアカウントとの連携に不安を感じる人もいるようです。

　そんな中、Facebookを利用した恋愛・婚活マッチングサービスPairsでは「Facebookには一切投稿されません」のコピーを添えることで、ユーザーの不安にピンポイントに答えています。

Pairsのサインアップ画面

自動投稿しないことをユーザーと約束する

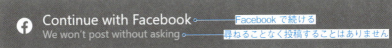

Facebook に限らず、Twitter や、Google+ などを利用したソーシャルログインでは、あらかじめ、自動投稿しないことをユーザーと約束すると良いでしょう。

特にプライベートなもの、例えば、医療、金融関連、ダイエット、妊娠出産などのカテゴリーでは、その点を十分配慮する必要があります。あくまでソーシャルログインはユーザー側の手間を省くためのものであり、不信感を募らせる要因にしてはなりません。

6 テンプレートを過信しない

● 思惑と真逆の結果を生み出したマイクロコピー

優れたキャッチコピーや、Eメールの件名を書くために、穴埋め式のテンプレートを試したことはありますか？

使ったことがあるのなら、結果はどうだったでしょう？

ひょっとしたら、「思ったより成果が出なかった」という人も、中にはいるかもしれません。それは、配信先の顧客リスト、送信者名、送信する時間帯などの影響を受けるからです。ウェブマーケティングでは、私たちが考えている以上に、膨大なコンテキストが、結果に影響を与えています。

そんな事例を、1つご紹介しましょう。

LP作成ツールで有名なUnbounce.comのマイケル・アーガルドは、彼のクライアントであるベッティングエキスパート社のサイト改善をおこなっていました。同社は、NBA、プレミアリーグ、ウィンブルドンなどの試合で賭けができる、世界最大のSNSアプリをリリースしています。

マイケルが見つけた課題点は、ウェブページ内にプライバシーに関する記載がないことでした。彼は経験則から、「この手のサイトでは、ユーザーは個人情報に対する懸念をしているだろう」と仮説を立てたのです。

そこで彼は、アプリの潜在的な利用者を掘り起こして、さらなる新規会員を獲得するために、サインアップ画面に「プライバシー100%保護——スパムメールは送りません！」とマイクロコピーを挿入しました。

マイケル・アーガルドが試したサインアップ画面①

Join BettingExpert —ベッティングエキスパートに参加する
Username: —ユーザーネーム：
Email: —Eメール：
Password: —パスワード：

□利用条件に同意します
プライバシー100％保護
－スパムメールは送りません
□ I accept the Terms and Conditions
100% privacy - we will never spam you!

サインアップする— Sign up +

▼サインアップ率 18.70％ダウン

するとどうなったでしょう？　思惑と真逆の結果……サインアップ率が18.70％も低下したのです。

●マイクロコピーの改善でサインアップ率は上がったが……

この結果を受けて、次に彼が立てた仮説は「スパムというワードが、かえってユーザーに良くない印象を与えているのでは？」というものでした。

そこで彼は、「スパム」の単語を取り除き、新たに「私たちは100％プライバシーを保証します。あなたの個人情報がシェアされることはありません」というマイクロコピーに差し替えました。

マイケル・アーガルドが試したサインアップ画面②

すると……20,257人のページ訪問者のうち、380人が会員登録。今度はサインアップ率が19.47%アップしたのです。

●別サイトでは真逆の結果が出てしまった

ここで、めでたしめでたし……といきたいところですが、まだ裏付けの取れていないことが1つあります。それは「今回うまくいったパターンは、他のウェブサイトでも通用するのか？」ということです。

そこで、マイケルは確証を取るため、ContentVerve.comのダウンロードフォームにて、同様のA/Bテストをおこないました。ContentVerveのフォームには「スパム」の単語が使われていたので、前回の成功事例に倣い「100%プライバシーを保証します」に差し替えたのです。

マイケル・アーガルドが試したサインアップ画面③

オリジナル

Email *

[   ]

Get my free e-book

100% privacy - I will never spam you!

改善案

Email *

[   ]

Get my free e-book

I guarantee 100% privacy.

⬇ ダウンロード率 24%ダウン

　するとどうでしょう……今度は、ダウンロード率が24%も下がってしまいました。

●コピーは様々な要素の影響を受ける

　このように、A/Bテストを重ねていくと、ある箇所においてうまくいったことが、他の場面ではうまくいかない、ということがよくあります。テスト結果に法則を見出そうとしても、次のA/Bテストでは、まったく異なる正解が導き出されるのです。

　心構えとして、あなたがどんなにたくさんのスワイプファイルや、テン

プレートを持っていたとしても、あまりそれを過信しないようにしてください。コピーは「あなたのサイトの訪問者がどんな人たちか」や、レイアウト、デザインなどの影響を受けるからです。金庫破りが聴診器を当てるように、右へ左へとダイアルを調整しながら、確かな「当たり」をつけていく工程は、省くことができないのです。

7 サインアップによるメリットを伝える

●サインアップボタンに使えるクリックトリガー

サインアップボタンに使えるクリックトリガーをご紹介しましょう。

プロジェクト管理ツールを提供する Basecamp.com では、「先週は 5,789 のビジネスが登録しました」とサービスの支持率、品質の確かさをアピールしています。これは社会的証明の心理トリガーを使ったコピーですが、定期的に登録数が更新されるところもポイントです。

Basecamp.com のサインアップボタン

Start your free trial

5,789 businesses signed up in the last week!

CRM サービスを提供する Intercom では、E メールアドレスだけでアカウントの開設が可能です。記入フォームの下には「簡単セットアップ・14 日間無料トライアル・いつでもキャンセル可能」のクリックトリガーが使われています。

Intercom のサインアップボタン

無料トライアル開始

| メールアドレスを入力 | 始めましょう |

簡単セットアップ ・ 14日間無料トライアル ・ いつでもキャンセル可能

●会員登録によるメリットはきっと見つかる

これに限らず、あなたのサイトのサインアップボタンでも、会員登録に
よるメリットを伝えると良いでしょう。中には「うちのサイトは会員登録
してもあまりメリットがない……」という人がいますが、そんなことはな
いはずです。ざっと挙げただけでも、次のようなものが見つかります。

サインアップによるメリットの例を伝える

○1クリックで購入可能

○住所入力が不要

○決済情報の入力が不要

○お気に入り機能
　（あとで買う）

○注文内容、注文履歴の確認

○配送状況の確認

○無料の送料、手数料、
　アップグレード、

○会員限定のクーポン、割引、
　優待、プレゼント

○お役立ちツール、コンテンツ、
　コミュニティへの参加

8 ヘッドラインやブレット(箇条書き)にもマイクロコピーを使う

●ヘッドラインのマイクロコピーは13文字以内に

　サインアップフォーム内でマイクロコピーが使えるのは、サインアップボタンだけではありません。

　例えば、ベッティングエキスパートでは、ヘッドラインを「ベッティングエキスパートに参加」から「無料のギャンブル攻略法をゲット」に差し替えたところ、コンバージョンが31.54%アップしました。

サインアップフォーム内のヘッドラインが、一般的なセールスレターのそれと異なるのは、より短く、端的にせざるを得ない点です。インターフェイス周りはスペースが限られており、フォームを邪魔しないようにしながら、かつ読みやすくなるように配慮が求められます。

　ですので、ここでのポイントは、あまり多くのことを詰め込みすぎないことです。

　要領を得たコピーの書き方で参考になるのは、Yahoo!トピックスでしょう。Yahoo!トピックスのヘッドラインは、いわゆるコピーライティングとは異なりますが、どんな長さの記事も、必ず13.5文字以内のヘッドラインにまとめられます。京都大学による研究では、人が1度に知覚できる文字は9から13文字と明らかにされており、必要な情報だけ凝縮してまとめることは、あなたのサービスやオファーの内容を伝えるのに役立ちます。

　そう言った観点からも、セールスコピーに使われる「いよいよ」「ついに」のような飾り言葉は冗長になるため、フォーム内のマイクロコピーでは重要ではありません。無駄に文字数を使うことは避けて、相手に伝えるべきことにフォーカスしてください。

　ビックリマーク＊についても同様です。ビックリマークを多用すればするほど、トーンが荒々しくなるだけでなく、その1つ1つの相対的な価値が下がることも知るべきです。弱いコピーをカバーしようとしたり、行動させよう、買わせようとする時、人はビックリマークを多用する傾向にあります。

＊ビックリマーク　　　正しくはエクスクラメーション・マーク、感嘆符のこと。

●ブレットの使用も効果的

また、より強力なサインアップフォームにしたければ、ヘッドラインだけでなく、ブレット（メリットの箇条書き）を使ってみてください。ボタンやフォームの近くに書いておけば、そこに視線を向けた際に、同時に読んでもらうことができます。

海外のウェブサイト ContentVerve.com では、「無料のアップデートを受け取る」ボタンの上部に「ケーススタディ＆テスト結果」「ハウツービデオ＆記事」「業界リーダーからのポッドキャスト」という3つのブレットを加えたところ、サインアップ率が83.75% アップしました。これは、ニュースレターを読むことについての価値が伝わったためと考えられます。

ContentVerve.com の「無料のアップデートを受け取る」ボタン

オリジナル

改善後

サインアップ率 83.75%アップ

9 ユーザーの行動を正しい方向へガイドする

●できるだけユーザーに考えさせない

メール配信スタンド、メールチンプのサインアップフォームでは、ユーザーがより強固なパスワードを作るための条件を、わかりやすくマイクロコピーで示しています。各項目の条件を満たすと、青丸のアイコンが1つずつ消灯し、5つすべての条件を満たすと、「始めよう！」ボタンがクリック可能になるのです。

メールチンプのサインアップフォーム

Password   👁 Show

[   ]

1つの小文字 ─○● One lowercase character   ● One special character ○─1つの特殊文字
1つの大文字 ─○● One uppercase character   ● 8 characters minimum ○─8 文字以上
             ● One number ○─1つの数字

Get Started!   By clicking this button, you agree to MailChimp's
                Anti-spam Policy & Terms of Use.

このように、マイクロコピーを使えば、エラーメッセージを出すことなく、円滑に登録を済ませてもらうことができます。できるだけユーザーに考えさせないように、正しい方向へガイドしましょう。

118

10 登録内容を変更できることを伝える

●優柔不断なユーザーを救う一言

あなたはアカウントを作る時に「変なIDで固定されたら嫌だな」と思ったことはありませんか？

「これはあとで変えることができます」というマイクロコピーは、いま決断できないユーザーに手を差し伸べるとっておきの一言です。

ウェブログサービスTumblrでは、ブログ名の設定時に使われています。

Tumblrのブログ名設定フォーム

ビジネス向けのチャットツール、Slackのサインアップ画面も同様です。これによって、「いまは思いつかないから」とか、「仲間と相談してチーム名を決めたい」などの理由で、アカウント作成を後回しにするユーザーに

も、とりあえずは登録してもらうことができます。

Slack のサインアップ画面

Slack team name (you can change this later)─○ スラックのチーム名
（これはあとで変えられます）

> Ex. Acme or Acme Marketing

　最後におまけとして。Airbnb へのサインアップ後に記入する生年月日欄には、「宿泊先のホストに自分の年齢を知られたくない……」という人の気持ちを汲んで、こんなメッセージが添えられています。

Airbnb の生年月日欄

生年月日 🔒 1986/03/05

あなたがこの世に生を受けた記念すべき日。この大切な個人情報は決して外部使用されることはありませんので、ご安心ください。

第5章
読者をラクに増やすメルマガ購読フォームのマイクロコピー

　ご存知の通り、メールマガジンは強力なマーケティングツールの1つです。しかし厄介なことに、見込み顧客の受信ボックスはすでにたくさんのメールで溢れ、多くの人は新しいメルマガに登録したくないと思っています。そこでマイクロコピーが重要になります。

1 メールマガジン購読フォームの設置場所を増やす

●効率的にオプトインしてもらう方法

メールマガジンは、読み続けてもらう大変さもありますが、その前に、1通目のメールを受け取ってもらわなければ始まりません。メールを送って良いか許諾を得るために、相手にメールアドレスを残してもらう「オプトイン *」の工程を踏む必要があります。

オプトインしてもらう方法は様々です。専用のランディングページを用意したり、サイドバー、ブログ記事のフッター、もしくはポップアップウインドウを使うこともあります。

もちろん、オプトインフォームは1つよりも2つ、2つよりも3つの方が効率的に読者を集めることができますので、サイト内の訪問者の目に触れるエリアに購読フォームを設置すると良いでしょう。

＊ オプトイン 　　メールマガジンの配信やサービスの利用などについて、受信者が送信者へ、メールの送信を承諾すること。

122

高い成約率を見込めるサイト内のエリア

○オプトイン用の単一ページ

○ヘッダー（ファーストビュー）

○フッター

○サイドバー

○ブログ投稿記事のフッター

○固定記事のフッター

○サイト上部のお知らせバー

○ポップアップ

○チェックアウトページ（「購読する」のチェックボックス）

○about us (me) ページ

　それでは、その購読フォームにどのようなマイクロコピーを配置すれば、メールマガジンを購読してもらえるのでしょうか？　それを本章で解説します。

2 魅力的なヘッドラインを用意する

●退屈なヘッドラインは「私のメルマガはつまらない」と言っているようなもの

　メールマガジン購読フォームで忘れてはならないのは、オプトインの命運を分ける「魅力的なオファー」と、それを伝える「ヘッドライン」です。

　様々なサイトの購読フォームを見てみると、次のようなのような退屈な見出しが目立ちます。

　　○メルマガ購読はこちら
　　○メールマガジン購読フォーム
　　○メールマガジン会員　購読者募集中

　これでは逆に「私のメルマガはつまらない」と言っているようなものでしょう。これらのメッセージには、興味をそそるベネフィットが書かれていないからです。

　クーポン、無料ダウンロード、懸賞企画などを使えば、登録のハードルを下げることができます。「本気で痩せたい人のための7日間メール講座」「3日間でワードプレスをマスターする方法」のように講座形式にして価値を高める方法もあります。とにかく「行動するとこんなに素晴らしいことがある」と伝えることです。

●「ニュースレターを購読すべき○つの理由」形式で
成約率アップ

　ベネフィットを伝える代表的なヘッドラインとしては、「ニュースレターを購読すべき○つの理由」のような形式のものがあります。どれだけ多くのサイトが、理由を使ったオプトインページで購読者を集めているかを知りたければ、Google で「reasons to subscribe」と検索して見ると良いでしょう。

　AWeber では何年も放置状態になっていたオプトインページを、このスタイルに差し替えたことで、成約率を 321% アップさせています。

AWeber のオプトインページ

7 Reasons to Sign Up For Free Email Marketing Tips

Want to create more successful and profitable email marketing campaigns?

You've come to the right place.

When you subscribe to this blog's free newsletter, you'll get:

1. Tips on How to Engage Your Audience

You'll learn how to better engage your readers, earn more clicks through to your site and make more sales.

"50% of the time when an order is placed on our web site, it is from someone who has been signed up for our email campaign."

2. Ideas & Inspiration

We love good marketing, so when we see it, we blog about it, and our subscribers get stories of smart marketing to take inspiration from.

"Getting ideas from featured clients has been the best. Visually inspiring and easy to follow."

3. Creative Ways to Get Subscribers

We'll send you a myriad of ideas for getting people signed up to your list both online and off.

"My lists have increased by reasonable percentages... I would say by 50% compared to my previous performances before knowing certain vital email marketing information from your blog and guides."

4. Free Email Templates

Every so often, we release a few free email templates (professionally designed backgrounds) you can use whether you're an AWeber customer or not. You'll get the HTML for the templates emailed to you!

"Templates that brand the emails help to differ our emails from spam emails."

5. Feature Announcements

Get notified when new tools and features make your marketing easier and help you reach a bigger audience become available.

"My newsletter signups have improved by 20% since you developed the WordPress plugin."

6. Practical Advice on Getting Your Emails Delivered

Whether your emails get delivered to your subscribers depends more and more on high subscriber engagement; we'll teach you how to grow it.

"We have increased our revenue by at least $5,000 this year by that one easy step."

Become a Better Email Marketer

Name:

Email:

Send Me Tips!

No spam. We promise.

3 リードコピーでメルマガの個性を際立たせる

●メルマガの雰囲気やトーンを伝える表紙のようなもの

ヘッドラインだけでなく、リードコピーを使えばさらに印象深いものにできます。

リードコピーはあなたのメルマガの雰囲気やトーンを伝える表紙のようなものです。中身に興味を持ってもらえるような「橋渡し」の役割があります。

リードコピーの例

○**goodbeerhunting.com（世界の醸造ビールに関する情報発信サイト）**

地ビールを探す旅、新商品、GBH や世界中でのイベントなど最新情報をお届けします。

これを読んだらビールが無性に飲みたくなりますよ。

○**further.net（自己啓発系ニュースレター）**

あなたの目標、パフォーマンス、可能性を最大限に引き出すニュースレターを週1回配信中。

健康、富、知恵、旅行に関する厳選情報を、飾りっ気なくお届けします。

○**greatist.com（健康、フィットネスに関するコミュニティサイト）**

有益な健康アドバイス、エクササイズのアイデア、美味しいレシピ

などを無料 E メールで配信。

○ noshon.it（料理レシピ紹介サイト）

ブロガーによる厳選レシピや、料理のヒントをお届けするニュースレターに登録。

○ UXDESIGNWEEKLY（UX デザイン関連サイト）

1 万 8000 人以上の購読者に加わって、毎週あなたも最高の UX デザインのリンク集を受け取りませんか？　ケニー・チェンの編集により毎週月曜日発行。

○ campaignmonitor.com（E メールマーケティング企業）

デジタルマーケッター、デザイナー、代理店など 20 万人以上の登録者と一緒に、あなたも実用的なマーケティングアドバイスを月に 2 回受け取りませんか？

○ NewYorkTimes（新聞社）

ニューヨーク・タイムズ紙のリポーターや編集者がオススメするインターネット上で話題のニュースをお届けします。

○ HackerNews（キュレーション系ビジネスメルマガ）

スタートアップ、テクノロジー、プログラミングなどに関する優れた情報を週 1 回のニュースレターでご紹介。すべてのリンクは Hacker News（ハッカー・ニュース）によって厳選されています。

ぜひ、あなたの発行するメルマガの色をリードコピーで表現してみてください。

4 購読フォームエリアで推薦文やスパム対策、配信頻度を伝える

●著名人の推薦の声があれば価値を伝えられる

　購読フォームエリアのボタン周りでは、マイクロコピーを積極的に活用してみてください。

　Read This Thing ではウォールストリートジャーナルの編集者の声を使っています。

Read This Thing の購読フォーム

「多様性、厳選された良質なストーリー」
——ティム・アネット、
ウォール・ストリート・ジャーナル編集者

　もし、あなたのメールマガジンの読者に、著名人がいるのなら推薦の声をお願いしてみると良いでしょう。たとえ読者でなくても、バックナンバーを読んでもらい、一言でも掲載許可をもらえれば、それだけで十分価値を伝えることができます。

●「スパムメールは送りません」宣言も効果的

　また、メルマガを購読する際の心配事と言えば、スパムメールです。大半の人が積極的にメルマガ購読をしようとしないのは、スマホやPCのメール受信箱に読みたくもないメールが届くのが嫌だからです。

　「個人情報を第三者に開示することはありません」「スパムメールは送りません」などは、よく使われるマイクロコピーの1つですが、GatherContent.comでは、形式張らずに「コンテンツ戦略に興味がある人のために役立つヒントをEメールでお届けします。スパムメールではありません」と添えます。サムズアップのアイコンが親しげで良いですね。

GatherContent.comの購読フォーム

●ボタンラベルに「送信」はNG

　ボタンについても同様です。自分の個人情報をインターネット上に「送信」したい人はいませんよね？　「今すぐ購読する」や、オファーつきの場合には「無料で受け取る」など、ボタンの作り方（第3章）を参考にA/Bテストをしてみてください。

　copyhackers.comでは、メールマガジンを通じて様々な助けを必要と

するマーケティング担当者のために、ヘッドライン「無料アドバイスを受ける」に対応させて、ユニークな「ヘルプ！」ボタンを使っています。

copyhackers.com の購読フォーム

●迷惑メール扱いは配信頻度の予告で防げる

また、マーケッターにとってメールの配信頻度は悩みのタネの１つでしょう。マーケティング・シャーパがおこなった調査によると、メーラーを通じて「このメールは迷惑メールである」と報告をした経験のある 472 人のうち、45.8% もの人が、メールの配信頻度が多すぎることを理由に挙げています。お互いのミスマッチを防ぐためにも、「週に１〜２回配信します」「毎週木曜日に発行」「毎週１回＋月曜のモーニングメッセージ」など配信頻度をあらかじめ伝えておくことが重要です。

copyhackers.com は、「毎週、１通ほどメールを送ります」のような言い回しで伝えます。

copyhackers.com の購読フォーム

START GETTING FREE HELP

I send approximately 1 email per week

毎週、1通ほどメールを送ります。

Email Address	Help!

We won't send you spam. Unsubscribe at any time.

Powered by ConvertKit

ハフポスト日本版の購読フォーム

あなたのメールアドレス　メールマガジンを

☑ メールマガジンを講読

その日一番のニュースやブログを掲載（毎日送信）.

5 サイトの個性に合わせてユニークなポップアップを使う

●「邪魔なポップアップ」を逆手に取ったマイクロコピー

　オプトインフォームの設置方法としてポップアップを使う場合にヒントになる事例を紹介しましょう。

　WaitButWhy.com は、人工知能、宇宙空間、ラフなイラストを組み合わせたエッセイまで、幅広いテーマを扱うアメリカの人気ブログです。執筆者ティムアーバンの強烈な文章は、ポップアップ上のテキストであっても変わりありません。

WaitButWhy.com のポップアップ①

WaitButWhy.com のポップアップ②

少なくとも私は画面真ん中に出るポップアップじゃありません

この方がまだマシですよね。とにかく私が言いたいのは、ウェイト・バット・ワイを気に入ってもらえたのならEメールリストにも登録してみるべきですよ。お届けする頻度は新規投稿に合わせて月にたったの2〜4回です。

第5章 読者をラクに増やすメルマガ購読フォームのマイクロコピー

133

6 メールマガジンのフッターには解除リンクを挿入する

●アクティブではない読者は定期的に整理した方が好ましい

リサーチ会社の調べによると、購読解除リンクを記載していないメールマガジンは、全体の4割にも及ぶと言われています。

しかし、メールマガジンのフッターには必ず解除リンクを挿入するべきです。マーケティングの観点からも、アクティブではない読者は定期的に整理した方が好ましいと言われています。

オンラインのヨガ教室Yoga with Adrieneのメールマガジンのフッターには、「エイドリアンからのEメールが多すぎますか？　登録解除ができますよ」のマイクロコピー。読者とのお別れの場面でも、事務的ではなく親しみのあるトーンで書かれています。

Yoga with Adriene のメールマガジンのフッター

⊕ New | ∨　　↰ Reply | ∨　　🗑 Delete　　🗄 Archive　Junk | ∨　•••　　↑　↓　✕　↺

If you wish to stop receiving our emails or change your subscription options, please Manage Your Subscription
Yoga With Adriene LLC, 1108 Lavaca Ste. 110-188, Austin, TX 78701

POWERED BY
ONTRAPORT

Getting too much email from Adriene? You can unsubscribe

●購読解除を減らすための禁じ手、「フィッツの法則」

　速やかに購読解除を促すマイクロコピーとは正反対に、2012年のオバマキャンペーンでは購読解除を減らすためのテストがおこなわれていました。メールのフッターに挿入するコピーに4つのバリエーションを用意して、もっとも解除率の低いパターンを特定するというものです。

　ここで彼らがおこなっていた方法は、限りなくフィッツの法則に則ったものと言えるでしょう。

　ちょっと耳慣れない言葉ですが、フィッツの法則とは、「マウスが目標物に辿り着くまでの時間は、目標物の大きさと、目標物までの距離の相関関係で決まる」というものです。かなり実用的に解釈するならば「近くにある大きなボタンは、遠くにある小さなボタンよりも、素早く到達できて、エラーが少ない」と言い換えることができます。

　これは使いやすいウェブサイトを設計する上でとても大切な考え方ですが、ユーザーに取ってほしくない行動がある時には、これを逆手に取ることもできます。

　通常、読者がメルマガを退会する場合、メールフッターの「Unsubscribe（購読解除）」リンクを探そうとします。オバマのメールマガジンでも、当初「Unsubscribe」のテキストを解除リンクに設定していましたが、これを「here」に差し替え、テキストリンクを11文字から4文字へと減らしています。この変更によって、クリッカブルなエリアが7文字分減るだけでなく、「here」だけではそれが何のリンクなのか、前の文章を読まなければわからなくなっています。

第5章　読者をラクに増やすメルマガ購読フォームのマイクロコピー

オバマキャンペーンでテストされたフッター

オリジナル

> This email was sent to: bwonch@barackobama.com
> Update address | Unsubscribe

改善後

> This email was sent to: bwonch@barackobama.com.
> Update your email address here.
> If you'd like to unsubscribe from these messages, click here.
> Click here to contact the campaign with any questions or concerns.

　もちろん、本来の使いやすさを考えれば、購読解除リンクはわかりやす
く、はっきりと書かれているべきです。

　しかしオバマのチームは、選挙期間が限られている中で、ガイドライン
を守りながら、ある意味ギリギリのラインで退会者を減らす努力をしてい
たとも言えます。実際にこのA/Bテストは成果を上げ、オリジナルのフッ
ターコピーよりも、購読解除率が22%も減少しています。

テストの結果

メール受信者	購読解除した人	全体に占める割合
578,994	195	0.018%
578,814	79	0.014%

7 購読完了ページにもマイクロコピーを添える

●アクション直後は、さらなるコンバージョンの可能性が高い

　購読手続きの完了画面では、必ずマイクロコピーによるオファーテストをしてみてください。相手がなにかアクションをしてくれた直後は、さらなるコンバージョンを産む可能性が高いからです。

　Zenhub.comでは「誰かを喜ばせてあげましょう。ぜひお友達にこれをシェアしませんか」とシェアを求めます。

Zenhub.com の購読手続き完了画面

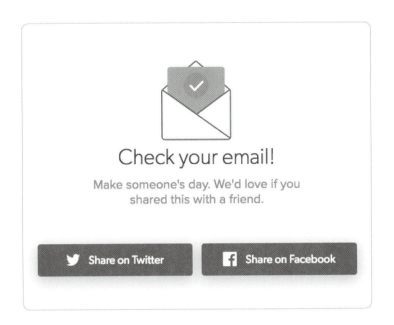

また、インバウンドマーケティング&セールス用ソフトウェアを扱うHubSpot の ebook のダウンロードページでは「シェアを忘れないでくださいね！」と言います。

HubSpot の ebook のダウンロードページ

こんな風にお願いをして、あなたのサイトでもメールマガジンを宣伝してもらいましょう。

●メールマガジン以外でも、「追いオファー」は効果的

メールマガジンに限らず、次のような場面での「追いオファー」はコンバージョンを大きく増加させます。

○商品・サービスの購入直後
○無料レポート・ホワイトペーパーの巻末
○ウェビナー登録直後
○ライブデモ申し込み
○見積もり依頼

○オンライン銀行の取り引き

　価値のあるコンテンツを手に入れた時や、有益な行動をした直後は、人は誰かに言いたくなるものです。あなたの提供する商品、サービスがどんな形であれ、顧客に価値を感じてもらえれば、直後にシェアされる可能性があります。

8 確実にメール、オファーが届くまでガイドする

●よくあるトラブルはマイクロコピーでフォローできる

メールソフトの自動判別でメールマガジンが迷惑メールとして振り分けられるというのは、よく起きるトラブルです。そこで購読手続きの完了画面では、メールマガジンを必ず届けられるように、以下のようなマイクロコピーを入れておくと良いでしょう。

もしメールが届いていない場合、迷惑メールとして振り分けられている可能性がありますので、迷惑メールフォルダもご確認ください。

なお、似たようなトラブルは、メールマガジンに限らず起こりえます。ファイルをダウンロードしてもらう時にも、自動ダウンロードが始まらなかったり、相手のPC環境、スマホの環境によってファイルが開けないといった可能性があるでしょう。以下のようなマイクロコピーを活用して、せっかくのコンバージョンを無駄にしないようにしましょう。

○自動でダウンロードが始まらない場合は、こちらをクリックしてください。
○ファイルを開くにはAdobe Readerがインストールされている必要があります。インストール方法はこちら。

140

9 Do-Not-Reply（返信しないで）は使わない

● Do-Not-Reply は顧客数を減らす

あなたも noreply@ や donotreply @から始まる次のようなメールを受け取ったことがあるでしょう。

Do-Not-Reply メールの例

差出人：○○オンラインストア

<donotreply@example.com>

件名：ご注文ありがとうございました！

○○様、〈会社名〉です。

この度は、ご注文ありがとうございました。

商品の発送準備が出来次第、下記住所に発送させて頂きます。

〈お客様の配送先住所〉

またのご利用をお待ちしております。

（中略）

※（注意）このEメールは当サイトのシステムにより自動的に送信されております。

このメールに返信をしてもお問い合わせにはお答えできませんのでご了承ください。

このようなメールアドレスは、大企業を中心に自動返信メールアドレスによく使われています。自動送信メールへ直接返信をされると、カスタマーサポートの業務に支障を与えるから、というのがその理由のようです。

確かに1日に数百の受注を受けるECサイトや、技術的なお問い合わせの多い企業では、専用の窓口を通さずに連絡をしてくる顧客への対応に、1～2回分の余計なやりとりが増えてしまうことがあります。

しかし、こうした対応は、あまりオススメできません。なぜなら、顧客数を減らす要因になるからです。

●顧客数を増やすためには、問い合わせのしやすさが重要

ニューヨークの百貨店、ノードストロムの敏腕副社長ベッツィ・サンダースは、彼の著書『サービスが伝説になる時』（ダイヤモンド社）の中で次のように述べています。クレームに関する有名な統計データです。

○不満を持つ顧客のうち苦情を言うのは4%にすぎない。あとの96%はただ怒って二度と来ないだけである。

○苦情が 1 件あれば、同様の不満を持っている人は平均 26 人いる。そのうち 6 人は非常に深刻な問題を抱えていると推定される。

○苦情を言った人のうち 56 〜 70％の人は、苦情が解決された場合、その企業と再び取り引きしたいと考える。その比率は、解決が迅速におこなわれた場合、96％にまで跳ね上がる。

○不満がある人は、それを平均 9 〜 10 人に話す。13％の人は 20 人以上に話している。

○苦情が解決された顧客は、そのことを 5 〜 6 人に話す。

この数字を見れば、問い合わせのしやすさが顧客数を増やすためにいかに重要かがわかるでしょう。Do-Not-Reply メールを送り、わざわざ問い合わせフォームを探させたり、連絡方法がわからずイライラさせるような方法を取るのは、わざわざ顧客を逃し、悪評を立たせるようなものなのです。

● メールアドレスや差出人名でもオープンな姿勢をアピールできる

したがって、顧客へのメールでは、親しみのあるトーンで、もっとオープンな姿勢を見せるべきです。

そうした姿勢をアピールするためには、カスタマーサポートのメールアドレスを以下のようにするのも効果的です。これも一種のマイクロコピーと言えるでしょう。

カスタマーサポートのメールアドレス例

support@   pleasereply@

team@   helpdesk@

talk@   canwehelpyou@

sayhello@   Wehearyou@

happyhelp@

　また、アドレスの他にも、意図的に差出人名に「チーム」という単語を
使っている企業もあります。力強さや、行き届いたサポート体制を印象付
けるからです。

第6章 サポート精神あふれるお問い合わせページのマイクロコピー

　お問い合わせページはサイトの隅にひっそり用意されることが多く、中身も記入欄と送信ボタンだけの頼りないコンタクトフォームがほとんどです。しかし、マイクロコピーを活用すれば、お問い合わせページを通じて顧客とのコミュニケーションを加速できます。

1 カスタマーサポート精神を Basecamp.com に学ぶ

●優れたカスタマーサポートが、より多くの売り上げにつながる

お問い合わせフォームからは、必ずしも、良いメッセージばかり届くわけではありません。「商品説明がわかりにくい」「いつまでも届かない」といったクレームが届くこともあります。1件のサポートにかなりの時間を割くことは日常茶飯事で、少人数体制の現場では常に対応に追われます。

しかし1つ1つのフィードバックには、会社の外から見なければわからない金言が含まれています。あなたが顧客からの意見を真摯に受け止め、改善を重ねていけばいくほど、それだけ企業としての成長スピードも早くなります。

実際に、アメリカのリサーチ企業による調査では、顧客の70%は、優れたカスタマーサポートを提供する企業に、より多くのお金を使うことが明らかになっています。潜在的な顧客はお問い合わせページに集まる傾向にあり、質の高いサポートは、彼らを熱心なリピーターに変えるのです。

●温かみのある Basecamp.com のサポートページ

では、お問い合わせページでは、お客様をどのようなコピーで出迎えるべきでしょうか?

本章では、高い満足度を誇るお問い合わせページの例として、本書でも度々取り上げている Basecamp.com をご紹介します。

Basecamp.com のサポートページ

　これが、Basecamp.com のサポートページです。お客さんにとっては、似顔絵であってもサポート担当者の顔が見えるだけで、安心感があります。フリー素材などは使わず、温かみのある歓迎ムードを作るようにしてください。

　もし、あなたのお問い合わせページに威圧感や冷たい印象があるなら、それは説明たらしいコピーが多かったり、人の気配が足りていないからかもしれません。特にファーストビューのエリアでは印象作りを大切にしてください。

2 メッセージの返信までの目安時間を伝える

● 「あとどれくらい？」がわかれば待ちやすい

ディズニーランドのアトラクションには、必ず待ち時間が表示されています。「あとどれくらい？」かがわからないまま、待ち続けるのは辛いですよね。興奮状態のお客さんをイライラさせないためのアイデアです。

同様に、あなたのサイトに問い合わせをしてくるお客さんも、早く自分にサポートの順番が回ってくることを期待しています。Basecamp.com が上手なのは、マイクロコピーで「ただいまの応答時間は約 20 分です」と、返信までの目安時間をあらかじめ伝えていることです。

Basecamp.com のマイクロコピー

The support team is here to help
サポートチームがお手伝いします
Our current response time is about **20 minutes**.

ただいまの応答時間は約 20 分です。

ちなみに、Basecamp.com のサポートチームは、メールの平均レスポンスタイムを計測し、顧客を待たせる時間を1秒でも短くするために改善を続けています。

　しかし、Basecamp のような素早いサポートが難しかったとしても、お客さんを不安な気持ちのままで待たせることのないようにしてください。あらかじめ伝えておく、ということが重要なのです。

　この時、「迅速なサポートを提供します」ではあいまいですが、「24時間以内に回答をお送りします」のように具体的な数字で伝えると、お客さんはより安心します。

3 サイト内のヘルプリンクを貼る

●そもそも問い合わせしないで済むことも重要

　問い合わせをする前に解決できるなら、それに越したことはありませんね。チュートリアルや、FAQ、ヘルプガイドの用意があるなら、マイクロコピーで教えてあげましょう。Basecamp.com のように、1 センテンスの中にテキストリンクを含めると、端的にわかりやすく伝えることができます。

Basecamp.com のマイクロコピー

How can we help you? ─ なにかお困りですか？

Check out the videos in our **learning center** or read our **help guides**. **Ask us a quick question on Twitter** to get a near-instant reply.

ラーニング・センターにある動画やヘルプガイドもぜひご覧ください。簡単な質問でしたら、対応が早いTwitter でもどうぞ。

　どんなことをヘルプリンクに掲載すべきか分からなければ、お客さんに聞くのが一番手取り早いです。例えばこれまでの問い合わせの履歴で、最も質問の多かったことはなんでしょうか？　できるだけ、お客さんが探したり、考えたりしなくて済むように、重要な情報は目の触れるところに出すようにしてください。また、対応に追われるからという理由で電話番号や連絡先のアドレスを意図的に隠すのはやめましょう。そうすると、質問が届いた段階で顧客が既にイライラしていたりと、別のネガティヴな要因が生まれてしまいます。

4 形式張らずに自由記入で聞く

●必要最低限の事項を自由記入で

お問い合わせフォームを作る際には、あまり形式張ったものにせず、自由記入欄を多く設けるようにしてください。

ただし、無駄なやりとりをしないための、必要最低限の事項だけあれば十分です。こちらの都合で一緒にアンケートを取ったり、メルマガ購読を勧めるのはもってのほかです。

●個人情報より前に、困っていることから聞く

また、質問の順番にもちょっとしたポイントがあります。お客さんは聞きたいことがあって、お問い合わせページにやってきているのですから、いきなりハードルの高い個人情報から尋ねるのではなく、彼らが困っていることから先に書いてもらいましょう。

心理的に抵抗のない質問から、段階的に重要な質問へと進めていくと、最後までスムーズに記入をしてもらえます。

Basecamp.com のマイクロコピー

お問い合わせの内容はなんですか？

What do you need help with? — *Required* ○—必須

This helps us make sure you get the right answer as fast as possible.

[Please select one... ▾]

なるべく早くに正確
な回答をいたします。

この中から1つ選んでください

What's your question, comment, or issue? — *Required* ○—必須

ご質問、コメント、
問題はありますか？

Share all the details. The more we know, the better we can help you.

詳細を入力ください。情報が多いほど問題解決に役立ちます。

5 細部の箇所のコピーにもとことんこだわる

●放置されている印象を与えないように注意が必要

10人のうち1、2人しか気がつかないようなことでも、顧客を楽しませるためなら、とことんこだわってみてください。

Basecamp.comでは、サポートチームの似顔絵と共に「素晴らしい水曜日をお過ごしください！ Basecampサポート全員より」とメッセージが添えられています。

Basecamp.com のマイクロコピー

Happy Wednesday from all of us at Basecamp support!

そして、フッターに目を向けると、そこにも「残りの水曜日を楽しんでくださいね！」のメッセージ。これらは簡単なコーディングによって曜日ごとに表示させているだけなのですが、同じ時間を共有している感覚になります。

Basecamp.com のフッターのマイクロコピー

Copyright ©1999-2017 Basecamp. All rights reserved.
Enjoy the rest of your Wednesday!

　お問い合わせページは更新頻度がそうは多くないため、放置されているページのような印象を与えないように注意が必要です。あらゆる箇所のメッセージを一工夫するだけで、画面の向こう側にきちんと生身の人間、サポートチームがいることを伝えられます。小さな箇所ほど、お客さんには見られているものです。

6 記入項目が多い場合はコミット メント・チェックボックスを使う

●人は一貫性を持って最後まで行動しようとする

　オンライン見積もりや申請フォームなど、記入項目が多くなってしまう場合には、こんな方法もあります。

　海外の住宅ローン会社のサイトでは、借り換え申請フォームに記入してもらう前に、チェックボックスを用意しています。

住宅ローン会社のチェックボックス

☐ **YES! I am ready for a better rate today!**

　一体なぜかと言うと、実はこのフォーム、すべて記入をするのは正直ムリではないかと思うほどに手続きが煩雑で、集中力を要するものだったのです。実際に、申請を完了させるまでに20分以上かかるそのボリュームのせいで、サイトの訪問者のほとんどが記入を諦めていました。

住宅ローン会社の借り換え申請フォームのイメージ

▲詳細な個人情報を必要とするフォームでは、時に30項目近い
入力が必要

　そこで、先のコミットメント・チェックボックスを設置すると、なんと顧客からの申し込み率が11%もアップし、月間のお申込み数が数百にまで増えました。

　これは、ロバート・B・チャルディーニの著書『影響力の武器』でも取り上げられている、一貫性の心理を利用したものです。なにか行動してもらう前に、相手の立場を明確にさせたり、これからすることを公言させることで、人は一貫性を持って最後まで行動しようとします。これは訪問者の粘り強さが必要な場面で使える、ちょっとしたテクニックです。

第7章
スムーズに記入を促すプレースホルダーのマイクロコピー

　　ユーザービリティを考えると、入力フォームにおいてプレースホルダー（記入例）を使うのは、注意が必要です。しかし、マイクロコピーを工夫すれば、プレースホルダーをユーザーの行動を促すために活用できます。

1 消えては困る情報は ラベルに表示する

●入力フォームの中に書かれる「記入例」

プレースホルダーは、入力フォームの中に書かれる「記入例」のことです。

例えばEメールアドレスの記入例や、「山田太郎」のような仮の名前が入っているのを見たことがあるでしょう。一般的には、薄いグレーの文字で書かれていて、カーソルを合わせると消える仕様のものがほとんどです。

プレースホルダーの例

Eメールアドレス：　　　　　　　　　　　　　　ラベル

info@orecon.co.jp　　　　　　　　　　　　入力欄

プレースホルダーテキスト

●プレースホルダーにはユーザビリティ上の問題がある

しかし、ユーザービリティの第一人者、ニールセン博士は「入力フォームのプレースホルダーは使うべきでない」と言います。

> 入力フォームのプレースホルダーテキストは、入力欄にどんな情報を入れたのかをユーザーが思い出すことや、エラーのチェック・修正を難しくしてしまう。また、視覚や認知機能に障害のあるユーザーにはさらなる負担となる。
>
> ——ヤコブ・ニールセン博士

つまり、こういうことです。

ラベルの代わりにプレースホルダーテキストを使ってしまうと、ユーザーが情報を入力をしようとカーソルを合わせた際に、フォーム内のテキストが消えてしまいます。すると、「あれ？　なにを入力するんだったっけ？」と忘れてしまった時に、それまで書いていたものをすべて削除し、その入力欄から離れたところをクリックして、プレースホルダーテキストをもう一度出さなければなりません。

プレースホルダーの問題点

パスワード

> パスワードは大文字と小文字、および数字を組み合わせた8文字以上

極端な例。カーソルをあてると記入ルールが消えてしまうので、短期間に記憶するのは難しい。

こうした一連の入力作業は、1〜2個の入力フォームなら問題ないかもしれませんが、記入項目が多い場面では、短期記憶に負荷をかけてしまいます。また、フォームの送信前に記入項目をチェックできないというデメリットもあります。

●ヒントはラベルに表示するのが原則

　ですので、フォームにはラベルを使用し、ヒントが必要な場合はラベルに表示するようにしてください。もしプレースホルダーテキストをヒントとして利用するなら、消えることのないラベルも書かれていなければなりません。

良い例

パスワード: 8文字以上必要です

悪い例

パスワード

まだ許されるケース

パスワード:

8文字以上必要です

オレコンが発行するメルマガのオプトインフォームにておこなったA/Bテストでは、プレースホルダーを空欄にしたパターンに58.43%の成約率の向上が見られました。プレースホルダーあり・なしのA/Bテストは、やっておくと良いでしょう。

A/B テストの結果

	パターン	ウェブテスト セッション	コンバージョン数	コンバージョン率 ↓	オリジナルとの比較	オリジナルを上回る可能性
☑	● オリジナル		263	49	18.63%	0%	0.0%
☑	● プレースホルダーなし ⊘		166	49	29.52%	⬆ 58.43%	99.2%

2 ユーザーをガイドし、楽しませる

● ガイドすることで、ユーザーの行動を促すことができる

　もちろん、「プレースホルダーはすべての場面で使ってはいけない」というわけではありません。投稿フォームや、自由記入欄など、ユーザーがどんなことを書けば良いのか迷わないようにするには、プレースホルダーを使うのが最適です。

　Facebook の「今なにしてる？」はおなじみですね。

Facebook のプレースホルダー

　このようにユーザーをガイドし、行動を促すためにプレースホルダーを活用している例は、他にもたくさんあります。

　プレゼンテーションツールを提供する Prezi の新規登録画面では、記入項目を正しく埋めるごとに、親しげなトーンで語りかけてくれます。このようなインタラクティブ（対話型）なやりとりは、ユーザーに対して楽しさ、

心地よさ、感動といった新鮮な体験をもたらします。

Prezi の新規登録画面

Yamamoto	はじめまして♪
Takuma	素敵なお名前ですね♪
info@orecon.co.jp	良い調子ですね♪
●●●●●●●●●●●●●●●●	内緒ですよ♪

　また、通販サイトなどで、訪問者がもっとも利用する箇所と言えば検索窓です。価格.com では「何をお探しですか？」の質問に添えて、メーカーや型番など検索のヒントを与えてくれます。それだけでなく、その真下では注目キーワードを右から左へ流れるように表示させ、いまもっともホットな商品を教えてくれます。

価格.com の検索窓

🔍 何をお探しですか？（メーカー、製品カテゴリ、製品名、型番...）	検索
注目キーワード ◀ SONY 新Bluetoothスピーカー　スプラトゥーン2　プルームテック　Dys	

　ローカルビジネスのレビューサイト Yelp! でも検索のヒントを教えてくれます。ユーザーは食べ物を入力するかもしれませんし、「お得なディナー」などのフリーワードを検索する可能性もあります。あらかじめ、食べ物の

タイプや、想定される入力フォーマットのヒントを与えておけば、ユーザーは困らないでしょう。訪問者のメンタルモデル※に沿った、適切なプレースホルダーテキストの一例です。

Yelp! の検索窓

生活の知恵が集まるサイト nanapi では、もっとざっくりと「わからないこと・しりたいことを入力」のマイクロコピー。このようにサイトの性質によっては、あまり細かく書きすぎない方が良い場合もあります。ひらがな遣いにしていることにも注目です。

nanapi の検索窓

※ メンタルモデル　　人間が「これはこう使うのかな？」と、なにがどのように作用するかを思考する際のプロセスのこと。

の検索だけでなく、目的や用途で絞り込むこともできます。誕生日会や母の日、クリスマスなど、シーンに応じたレシピを求めるユーザーのツボをついていますね。

クックパッドの検索窓

| Q 料理名・食材名 ▼ | ✕ | 目的・用途 | レシピ検索 |

トースト 運動会 ダイエット 離乳食 お弁当 ➤

●ユーザーの気持ちを盛り上げるユニークなマイクロコピー

プレースホルダーに使われるマイクロコピーには、純粋に楽しませるためだけのものも数多くあります。

例えば、カード式のタスク管理サービスを提供する Trello では、アカウント作成時のプレースホルダーにちょっと変わった仕掛けをしています。名前欄に懐かしの映画の主人公の名前をランダムに表示させ、ユーザーをノスタルジックな気分にさせる、というものです。Dana Scully（ダナ・スカリー）は 90 年代から 2000 年代頭にかけて人気を博した SF テレビドラマ『X ファイル』の女性 FBI 特別捜査官。E メールアドレスのドメイン名も、fbi.gov にするこだわりようです。この他にも、スタートレックのキャラクターや、ビデオゲームのキャラクター名が現れます。

Trello のサインアップフォーム

Create a Trello Account

Name
e.g., Dana Scully

Email
e.g., dana.scully@fbi.gov

Password
e.g., ············

[Create New Account]

Do you have a Google Account?
[Sign up with Google]

Already have an account? Log in.

「e.g.」は日本語で「例えば」という意味。

　旅行宿泊先の予約サイト booking.com ではプレースホルダーを通じて訪問者に呼びかけます。

　「世界にはまだあなたの知らない場所がいっぱい……さあ、旅に出ましょう！」

　相手の気持ちをアクティブにさせ、行動を促すマイクロコピーの一例です。

booking.com のプレースホルダー

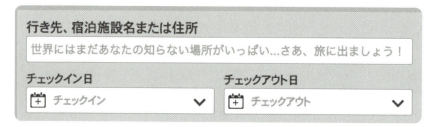

3 サイト内検索の利用を促す

●検索ユーザーは買う気満々！?

「サイト内検索を使う人は、そうでない人より、2倍以上の成約率がある」
27のウェブサイトのデータにより、このような事実が明らかになっています。ロンドンのエージェンシーBranded3によるリサーチでは、サイト検索をしていないユーザーの平均コンバージョン率が2.41%だったのに対し、サイト検索を利用したユーザーでは5.45%と2倍以上もアップすることがわかりました。他のマーケティング企業でも同様の報告があり、サイト内検索の利用が売り上げと密接に関わっていることは間違いありません。

アマゾンの検索窓

検索窓はできるだけ大きく、目立つように設計する。
アマゾンのサイト内検索はトップバーの半分以上を占めるほどのサイズ。

そこで、本書でオススメするのが、マイクロコピーを使ってサイト内検索の利用を促す方法です。そのためにはまず、現在のあなたのウェブサイトで、サイト内検索がどのように利用されているかを知る必要があります。

●サイト内検索の利用状況を把握する方法

サイト内検索の利用状況は、Google アナリティクスを使えば調べられます（ただし、初期の状態では「サイト内トラッキング」はオフになっているので必ず有効化してください）。

サイト内検索を分析すると、どのくらいのユーザーがサイト検索を利用しているかがわかるだけでなく、検索クエリ * を調べることで、訪問者が実際に調べている検索キーワードを拾い上げることができます。

顧客が調べている単語を特定できれば、商品名や、商品紹介のページ内で使っている言葉を見直すことができるため、「検索結果がありませんでした」という状況を回避できるようになります。

> ユーザーが入力したものがデータベースに入っていない場合が常に存在します。私たちは、検索後に何も表示されない場合、なにかが表示されている場合よりもサイトを閉じられる可能性が 2.5 倍高いことを発見しました。
>
> ──エバ・マンズ（アナリスト）

1 日にたった数件でも、検索結果の空振りによって顧客を逃しているとすれば、年間を通じてかなりの利益を逃していることになります。検索されているのに、そのキーワードが使われていなかったり、商品自体がなかったりしないように、継続的に、顧客が探しているものを把握してください。検索窓を通じて顧客の生の声を知ることは、売り上げを伸ばすのに大いに役立ちます。

---

* 検索クエリ　　　検索エンジンで検索されるキーワードのこと。

●検索フォームのプレースホルダーにマイクロコピーを挿入する

そして、訪問者に実際に検索されているキーワードを特定できたら、そのキーワードを成約率の高い順に並べ替え、検索フォームのプレースホルダーに入れてください。

通販サイトなどでは、商品点数が膨大なケースがほとんどなので、ザッポスのようにカテゴリーワードで表示すると良いでしょう。

ザッポスの検索窓

食べログでは「場所」「食べ物・店名・部屋のタイプ」「人数」「予約日」「時間」と、幹事が真っ先に調べたい順番に検索フォームが並んでいます。

食べログの検索窓

SEO に力を入れるサイトは多いですが、顧客がサイト内で検索しているキーワードを活用しているところは少ないです。サイト内の滞在時間やページビュー数を増やすためには、検索窓だけでなく、商品名、カテゴリー名、グローバルナビゲーションなどにも応用してみてください。お客さんが頭の中に浮かべているワードに、こちら側が合わせるのです。

4 ユーザーの使い方に合わせて、適切なマイクロコピーを入れる

●「いまなにしてる？」から「いまどうしてる？」へ変わった理由

ゼロから考えるのではなく、顧客の利用状況に合わせてマイクロコピーを変えていく、という考え方もコンバージョンを高める上で不可欠です。

例えば、Twitterでおなじみの「いまどうしてる？」のマイクロコピーですが、2009年ごろまでは「いまなにしてる？」のコピーが使われていました。

Twitterの投稿フォーム

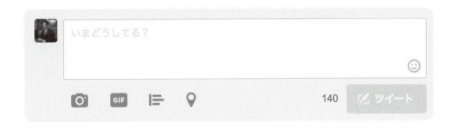

この仕様変更に関しては、Twitterの共同創立者であるビズ・ストーンがオフィシャルブログに記事を投稿しています。

例えばサンフランシスコにいる誰かが「いまなにしてる？」に対し、「素晴らしいコーヒーを楽しんでるよ」とまさにその瞬間を伝えることもあります。しかし、Twitterを広く見渡すと、このような個人的

な思いについてだけ人々がやりとりしているわけではありません。これらのコーヒーの周りでは、人々はアクシデントを目撃し、イベントを開催し、リンクをシェアし、ニュースを報道し、あるいはお父さんが言っていたことを報告するなど、もっとはるかにたくさんのことが起こっているのです。

(中略)

Twitter で、自分が気になるすべてのこと、人、そしてイベントなどにおいていままさに起こっていることを共有し、発見することができます。「いまなにしてる？」は、もはやぴったり当てはまる質問ではなくなったのです。そこで今日から Twitter はユーザーのみなさんに、「いまどうしてる？」と問いかけます。今回の変更により、Twitter の使われ方が変わるとは思っていません。でも、Twitter のことを知らないお父さんに Twitter をもっと説明しやすくなるでしょう。

――Biz Stone

(引用元：http://jp.techcrunch.com/2009/11/20/20091119twitter-now-asks-whats-happening/)

つまり、サービスリリース時から使われていた「いまなにしてる？」の問いかけに収まらないほど、Twitter の利用方法が様変わりしたことで、それに対応する形でマイクロコピーを差し替えたのです。

ここでポイントとなるのは、ユーザーの動向に寄り添っていることです。決して企業の都合が先ではありません。

ユーザーがもっとも「しっくりくる」言葉にチューニングすれば、さらにサイトは利用され、そこから収益が生まれます。だからこそサイトの分析は欠かせないのです。

5 記入しやすいフォームラベルにする

●フォームラベルもマイクロコピー

優れたフォームはスムーズな行動を促し、決してユーザーの邪魔をすることはありません。

私がコンサルティングに入ったとある出版社では、ショップカートを大手通販サイトと同じものに変えただけで売り上げが大きくアップしました。それまで使われていた旧式のカートでは、マイクロコピーや自動入力機能などの面でかなりの使いにくさがあったのです。それまでの苦労が無駄だったとは言いませんが、あのまま商品ページの改善を続けていたら、誰も気がつかなかったでしょう。

もちろんカートを丸ごと変えなくても、今すぐに改善できる箇所があります。それが「フォームラベル」です。ここでちょっとしたクイズですが、もしあなたがフォームを設計するなら次の4つのうちどれを選ぶでしょうか？

もっともスムーズに名前を記入してもらえるフォームはどれ？

1.※印で表記

※印は必須項目です
※メールアドレス

2.※印とプレースホルダー

※印は必須項目です
※メールアドレス　xxx@shuwa.com

3.色枠とプレースホルダー

メールアドレス　xxx@shuwa.com
※赤枠は必須項目です

4.必須マーク

※メールアドレス　必須　xxx@shuwa.com

印刷の都合上青枠になっています。

ユーザビリティ上、もっとも良いのは……4 です。

1、2 の「※印は必須項目です」はよく見かけますが、ラベルから離れた位置にあるため無駄な視線の動きと知覚コストが生まれます。3 もわかりやすいように思いますが、色枠の表示だけでは必須なのか、間違えた項目なのか、マイクロコピーがないとわかりません。「必須」のたった 2 文字を追加するだけでもユーザービリティは向上し、記入してもらいやすくなります。プレースホルダーについてはここまでに説明した通りです。

●色にのみに頼らず言葉で伝える

なお、色にのみに頼ってユーザーの注意を引くのは避けた方が無難です。

日本人の男性約 20 人に 1 人、女性約 600 人に 1 人が、1 型色覚もしくは 2 型色覚だと言われいます。彼らにとっては、色分けされた電車の路線図や、UNO のカード、焼肉で肉が焼けているかどうかを区別するのが困難です。ユーザビリティ上、言葉（コピー）で伝える方が好ましいでしょう。

174

第8章
相手の心を汲み取るエラーメッセージのマイクロコピー

　無味乾燥なエラーメッセージにムッとしたり、意味不明のエラーメッセージに困ったことはありませんか？　エラーメッセージもマイクロコピーの一種として考え、適切にデザインすることで、ユーザーのストレスを和らげ、サイトからの離脱を防げます。

1 会話的な言葉遣いをする

●エラーメッセージの3要素

　エラーメッセージは、うっかり誤入力をしたり、技術的な問題が起きた時に、その解決法を示してくれるものです。もしエラーメッセージがなければ、送ったはずのEメールがシステムに吸い込まれて届いていなかったり、住所が未入力のまま注文が確定してしまったり、私たちの回りはトラブルだらけになってしまいます。

　ユーザビリティの専門家、黒須正明教授によると、エラーメッセージには、次の3要素が不可欠だと言います。

　　○原因……なにが原因で現在の状態、つまりエラーメッセージが表示されるような状態になったのかの説明。
　　○現状……現在はどういう状態なのか。なにができて、なにができない状態なのかの説明。
　　○回復……どうしたら現在の状態から脱して、元の状態に戻れるのかという説明。さらにできることなら、どのようにすれば現在の状態に入らずに本来の目的を達成できたのかという説明。

（引用元：https://u-site.jp/lecture/appropriate-error-messages）

● 「どのように伝えるか？」も重要

これらの「なにを伝えるか」に加え、エラーメッセージには、「どのように伝えるか？」という、避けては通れないテーマがあります。あなたも、相手に誤りを指摘する時、どのタイミングで、どんな風に伝えたら良いか、心を砕いたことがあるはずです。

GO-JEK の UX ライター、ガリフ・パンブリは、人の行動に影響を与え、ユーザー体験をもたらすコピーを、日本の「ドラえもん」に例えています。嫌われもののエラーメッセージを、人間味溢れるコミュニケーションに変えるためには、ドラえもんの振る舞いや、キャラクターがとても参考になるのです。例えば、以下のような感じです。

①思いやりのあるコミュニケーション

猫型ロボットであるドラえもん。のび太と親しげに会話し、情緒豊かに泣き笑い、お互いに心を通わせます。ドラえもんが愛される理由の1つに、その思いやりの深さが挙げられるのではないでしょうか？

オンライン画像エディター PicMonkey では、ブラウザのアップデートが必要な際に、「あなたのヴィンテージ・ブラウザが大好き！」というエラーメッセージを出します。決して「使っているブラウザが古い」とは言わないのです。思いやりを持った言葉選びには、人間味があります。

PicMonkey のエラーメッセージ

> Love your vintage browser!
>
> Unfortunately it's a little *too* vintage. PicMonkey no longer supports version 5 of Safari.
>
> Visit Browse Happy to upgrade your browser, or try out Google Chrome.
>
> Okay

②協力的、役に立つ

のび太が困っていると、ドラえもんは4次元ポケットからお助けアイテムを出してくれます。時に怠け者で、面倒くさがり屋の一面を持つのび太を、「君は困ったやつだなあ……」と、決して見捨てることはありません。

Mailchimp のエラーメッセージは、積極的に困っているユーザーの役に立とうとします。なにが起きているのか、いまなにをすべきか、必要であればツールやガイドなどの助け舟を出して、解決に導きます。

Mailchimp のエラーメッセージ

 Sorry, we couldn't find an account with that username. Can we help you recover your username?

申し訳ありません、このユーザーネームでのアカウントは存在しません。ユーザーネームを復元しますか?

③ユーモアがある

　ドラえもんのユーモアは、私たちをほんわかとした笑いに包んでくれます。エラーメッセージの基本姿勢として「謙虚・控えめ」であるべきことを前置きしておきますが、適度なジョークは、ピリッとした雰囲気を和らげるのに役立ちます。

Mailchimp のエラーメッセージ

Another user with this username already exists. Maybe it's your evil twin. Spooky.
このユーザー名を使っている他のユーザーがいます。乗っ取られたのでしょうか。気味が悪いですね。

※ Yahoo! のエラーメッセージ

Are you really from the future?
本当に未来から来たんですか？

●話し言葉と書き言葉

いかがですか？　こんなエラーメッセージだったら、少しはピリッとした瞬間が和らぐと思いませんか？

しかし残念なことに、周りを見渡すと、インターネット上に溢れているのは、こんなエラーメッセージばかりなのです。

エラーメッセージの例

予期せぬエラーが発生しました。(エラー番号:2)

正しい遷移ではありません。

ユーザー名が無効です。

メモリ ロケーションへのアクセスが無効です。

不正な要求です。

私たちは普段2種類の言葉を使っています。1つは話し言葉、もう1つは書き言葉です。

話し言葉は、同じ時間を共有している相手に使う言葉です。言うまでも

ありませんが、対面の会話や電話をする時は、話し言葉を使います。

一方、書き言葉は、新聞や論文などで使われる言葉です。例えば、論文を書く時は「ちょっとでも」と書かずに「少しでも／多少でも」と書くでしょう。文章に表し、相手が読むまでに時間差のあるコミュニケーションでは、書き言葉が使われます。私たちはこの2つを、日常生活の中で使い分けています。

しかし、オンラインの世界には、話し言葉と書き言葉の他に、もう1つの言葉が存在します。それは話し言葉を書く、つまり会話体で書かれた言葉です。

近しい友人とメッセージアプリでチャットをする時、手紙のような書き言葉は使わないでしょう。「いまどこ？」「えっ、西口じゃなかった？」というような話し言葉でやりとりをするはずです。私たちが、当たり前のように会話体で言葉を「書く」ようになったのは、リアルタイムで相手にメッセージが届く、いまのような通信環境が整ってからです。

およそ15万年間に渡って、話し言葉でコミュニケーションをしてきた人類にとって、話し言葉を書く、という行為は、究極的に新しいコミュニケーション方法とも言えるでしょう。言語学者のジョン・マホーターは、携帯電話でやりとりするテキストメッセージのことを、単なる文章ではなく「指による会話」と形容しています。

> 人類が誕生してからいままでが24時間だとすると、書き言葉はやっと23時7分に誕生した。
>
> ——ジョン・マクウォーター
> （TED講演「テキストメッセージが言語を殺す（なんてね！）」より）

そう言った意味では、まだ私たちはウェブコピーを作る時に、書き言葉の癖から抜け切れていないように思います。お客さんがなにかを入力してくれた際に、即時に返す自動メッセージなど、インタラクティブ（双方向）なコミュニケーションでは、会話的なコピーの方がマッチするのです。

ですので、思い切って、もっと普段使っているような自然な言葉遣いを心がけてみてください。「自然」かどうかを判断するのは簡単です。世界的な同時通訳者の方はこんな風に言っていました。

「耳を澄ませて書く」

そう、声に出して読んでみることです。

2 専門用語を使わない

●すべての人が内部用語に精通しているわけではない

　専門用語やなじみのない言葉は、わかりにくいだけでなく、ユーザーの認知的な負荷を増やしてしまいます。何より、書かれているメッセージが理解されなければ、そもそもエラー表示の意味がありません。

　誰もが理解できる一般的な言葉を用いて、特殊な言い回しは避けるようにしてください。すべての人が内部用語に精通しているわけではないからです。

専門用語を用いたエラーメッセージの例

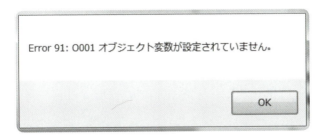

　オススメの方法は、一度、サイト内のエラーメッセージを総ざらい吐き出してみて、専門用語が含まれていないかチェックすることです。

　もちろんウェブサイトに限らず、アプリ、ソフトウェアにおいても同様です。エラーメッセージは、実際にそれを使っているユーザーが理解できるものでなければなりません。

3 あいまいさを回避する

●単にエラーそのものを伝えるだけでは不十分

　一時期、Windows10 のセットアップ時に現れるエラーメッセージが話題になりました。それもそのはず。

Windows10 セットアップ時のエラーメッセージ

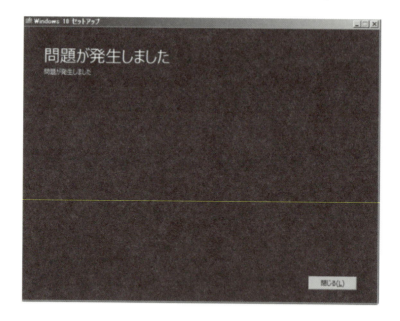

「問題が発生しました」。これではなにが起きていて、どう解決すべきなのかわかりませんね。これを見たユーザーからは「Microsoft は役立たずのエラーメッセージの新基準を設定した」と皮肉られるほどのものでした。

とはいえ、人のふり見て我がふり直せ。一度、あなたのウェブサイトに眠っている、エラーメッセージを総ざらいしてみてください。明確にエラーメッセージの 3 要素を伝えているでしょうか。

あなたは次のエラーメッセージを見て、どこが「不親切」か気がつきますか？

Amazon のエラーメッセージ

Amazonギフト券・Amazonショッピングカードまたはクーポン:

コードを入力　　　　　　　　　　適用

! 入力したクーポン番号が認識されません。
番号をもう一度ご確認のうえ、再入力してください。

エラーメッセージの役割は、単にエラーそのものを伝えることだけではありません。「番号をもう一度ご確認の上、再入力してください」では、同じ間違いを繰り返す可能性があります。例えばこの場合では、次のように、エラーの原因と考えられるものがいくつかあります。

①すでにクーポン番号が登録されている

②数字の0（ゼロ）とアルファベットのO（オー）を間違っている

③アルファベットをすべて大文字で入力している

　もし、ユーザーがそれに気がつけなければ、何度も同じ間違いを繰り返し、「ちゃんと入力してるよ！」と苛立たせてしまう可能性があります。

4 ユーザーを責めない

●エラーメッセージはユーザーをガイドするためのもの

「あなたは日付設定を間違えました」など、ミスを相手の責任にしたり、無力感を与えてはいけません。

エラーメッセージは、責任を問うものではなく、ユーザーを正しくガイドするためのものです。相手を嫌な気持ちをさせたり、礼儀正しさを欠くことのないように気をつけてください。

エラーメッセージの例

悪い例： あなたは正しくないアカウント ID を入力しました。

良い例： このアカウント ID は利用できません。スペルが正し
いか確認してください。

●ネガティブな言葉は適切ではない

また、uxmovement.com では、エラーメッセージで使うべきではない単語として次のようなものを挙げています。

エラーメッセージで使うべきではない単語

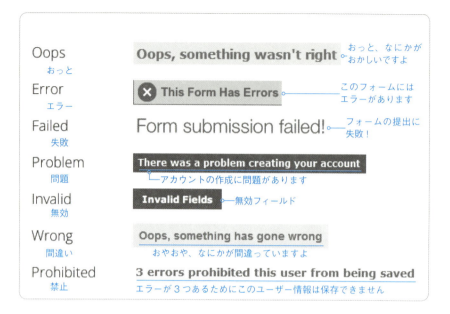

　これらは英文ですので、そのまま日本語のエラーメッセージには適用できないですが、いずれにせよ、ネガティブな言葉はユーザーをガイドするコピーの表現としては適切ではないと考えてください。

5 建設的なアドバイスをする

● 根本的な解決に結びつくように

　エラーメッセージでは、根本的な解決に結びつくように、建設的なアドバイスをしてください。

　「在庫切れ」とだけ伝えるのではなく、「一時的に在庫切れ：次回入荷は3月5日を予定」のように、いつ頃入手できるようになるのかを添えるとより親切です。

　お客さんが望んでいるゴールをきちんとわかっていれば、エラーメッセージも、必然的にそれに寄り添ったものになります。建設的なアドバイスをすることで、顧客の購買行動を逃さずに済むのです。

　あなたのウェブサイトで「あと一言添えておけば……」と思えるような言葉足らずのメッセージはないでしょうか?

　よく使われるメッセージほど、些細な箇所であっても、長期的に利益を運んでくれる可能性があります。

6 ヒントを与える

●ヒントを出すことで、ユーザーに思い出してもらえる

つい先日、社内で使っている Google アカウントにアクセスしたところ、「ご利用のパスワードは 15 時間前に変更されています」のメッセージが。そこで初めて、ちょうど前日にパスワードを変更していたことに気がつきました。

Google アカウントのパスワード入力エラーメッセージ

パスワードを入力
ご利用のパスワードは 15 時間前に変更されています

パスワードをお忘れの場合　　　　　　　　　次へ

このように時間をヒントに、思い出してもらうのも一つの手です。場面に応じて「確認メールでお送りした3桁の……」など、セキュリティに影響のない範疇でヒントとなるメッセージを作ることもできます。

パスワード復旧など、面倒な工程を踏まずに、そもそも思い出してもらえるのであれば、これ以上のことはないのです。

顧客の立場に立って、思いやりのあるメッセージを作ってみてください。

第**9**章

口コミが広がり
バズる４０４ページの
マイクロコピー

404
?????

　ページが存在しないことを伝える 404 エラーは、せっかくサイトを閲覧しようとした人の意欲を削ぎます。しかし、マイクロコピーに工夫をすれば、そのままお客さんを逃してしまうことを防げます。

1 カスタム404ページを用意する

● 404ページを見せないに越したことはないが……

「お探しのページが見つかりません」

ウェブサイトを閲覧していると、たまにこんなページに出くわしますよね。ページが存在しないことを伝える、サイトからの悲しきメッセージ、404エラーです。

404エラーページは、無効なリンクをクリックした時や、ページが削除されている場合に表示されます。サイトを運営する側としては、お客さんに不便をかけるだけでなく、それまでの楽しい気持ちも台なしにしてしまうので、できることなら404ページを、お客さんの目にあまり触れさせたくはないものです。

しかし、ウェブページの平均寿命は100日程度とも言われており、サイトを運営していればキャンペーンページを閉じたり、ブログ記事を移動することもあります。また、時には訪問者がURLを誤入力することもあるため、それを伝える親切なページが必要です。

●カスタム404ページなら直帰率を下げられる

そこで「カスタム404ページ」を用意しましょう。

カスタム404ページは、その名の通り、訪問者が探しているページを見つけられるように手を加えたページのことです。無機質なデフォルト

ページとは異なり、イラストやコピーを使って企業・ブランドの個性を表現することもできます。サイトからの直帰率を下げるだけでなく、全体のコンバージョンにも貢献する心強い味方です。

そこで本章では、マイクロコピーの視点からどのように優れた 404 メッセージを作れば良いのか、素晴らしい事例とともに押さえるべきポイントをご紹介します。

2 404を自分の言葉に書き換える

●自分ならではの口調が「らしさ」を演出できる

　まずは、シンプルにページが見つからないことを伝えましょう。その時に大切なのは、デフォルトのメッセージ「404 FILE NOT FOUND」を、あなたの言葉に書き換えることです。404はステータスコード上の分類であり、誰もが知っている言葉ではありません。使っていけないというわけではありませんが、わかりやすい言葉を添えるようにしてください。

　動画共有サイトVimeoでは、肩をすくめてお手上げのジェスチャーをするロボットが「申し訳ありませんが、ページが見つかりませんでした」と伝えます。シンプルですが「以下のオススメ動画を見てみるのもいいかも」という口調はVimeoならではの「らしさ」があります。

Vimeoの404ページ

ポイントとしては、サイトのレイアウトや雰囲気、背景色を通常ページと同じように設計することです。あまりにもデザインが変わりすぎると、サイトの外に放り出されたような印象を与えてしまいます。

　普段通りのデザインを保ち、違和感を感じさせない配慮が必要です。

●ブラウザタブも活用できる

　また、先の 404 ページが表示されている時にブラウザタブに目を向けると「VimeUhOh（ビメうおぅ）」のマイクロコピーが表れます。

Vimeo の 404 ページのブラウザタブ

　404 ページは、個性やユニークさを表現するのに最高にクリエイティブな場です。あなたのアイデア次第でブランディングのチャンスにもなります。

3 共感・同調型のメッセージで伝える

●共感を示すことで相手の気持ちを和らげられる

404ページは、私たちがインターネットをしている時の、もっとも「残念な体験」です。この残念な気持ちに共感を示すことで、少しでも相手の気持ちを和らげるようにしてください。「私たちの気持ちがどうか」ではなく「確かめるように相手の話を聞く」、そんな姿勢です。

例えばANAでは「どこでも広がる青い空。この広い空の中から探し物を見つけるのは難しいですね」と始まります。また、きちんとサイトに戻れるように締めくくりには国内線、国際線のリンクボタンが置かれています。

ANAの404ページ

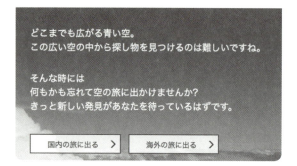

4 具体的な解決策を示し、コンバージョンの機会損失を防ぐ

●大半のお客さんは自力でコンテンツに辿り着くことを望んでいる

　カスタマーヘルプデスクサービス Zendesk のリサーチによれば、全体のうちの 91%、つまり大半のお客さんは自己解決型のサポートを求めているようです。彼らが自力でお目当てのコンテンツに辿り着けるように、手がかりとなる 1 つ以上のオプションを用意してください。具体的には次のようなものです。

自力でコンテンツに辿り着く手がかり

○サイト内検索　　　　　　　○人気の商品一覧

○ナビゲーションメニュー　　○サイトマップリンク

○ホームへのリンク　　　　　○カテゴリー・タグリンク

○よく読まれている記事一覧　○FAQ ページ

　どんなにシンプルに設計するとしても、ホームボタンは必ず設置するようにしましょう。404 ページを行き止まりにしてしまうと、元のページに戻るかブラウザタブを閉じるしか選択肢がなくなります（Mozilla の報告によると、ウェブブラウザ Firefox でもっともクリックされているボタン

は「戻るボタン」だそうです)。

　Zurb.comでは、ジャングルを掻き分けているようなポーズを取るホットドッグ姿の男性が現れ、サイト内リンクや、問い合わせ先を教えてくれます。ただユニークなだけではなく、一緒に解決策を見つけようとする協力的な姿勢が伝わってきますね。

Zurb.comの404ページ

　ホテルの価格比較・口コミサイトのトリップアドバイザーでは、低姿勢なお詫びからサイト内検索を促します。このように、それぞれの企業でお客様への対応のトーンが異なるのも面白いところです。

トリップアドバイザーの 404 ページ

このページは表示できません...

ご不便をおかけして申し訳ございません。ご旅行をご計画中でしたら、よろしければトリップアドバイザーが 200 以上のサイトをチェックして、ホテルの最安値をご案内します。

トリップアドバイザーで検索

Lifehacker［日本版］の 404 ページの検索ボックス

お探しのページはページは見つかりませんでしたが、検索ボックスより気になる記事を探してみてください。

Search

　ブログ運営をしているのなら、Lifehacker のマイクロコピーが最もベーシックで使いやすいはずです。特定のブログ記事に興味関心を持ってアクセスしてきたユーザーなら、その他の記事も読んでくれる可能性があります。

　また、検索窓をしっかりと機能させるためにも、タイトルの付け方に限らず、カテゴリ、タグ分類などを、決められたルールのもとで行うことが大切です。

5 独自の企業文化を伝える

●ブランディングとしての一側面を持たせることもできる

　米アマゾンの404ページには「ごめんね」のメッセージとともに犬の写真が表れます。そして、マイクロコピー「Amazonのワンコたちをご紹介します」のリンク先では、愛らしい犬たちの写真とともに、大好きなおもちゃ、好きなこと、年齢といったプロフィールが表示されます。

　アマゾンでは従業員2万人に対して、犬が2,000匹もいると言われており、同伴可能な日にはそのうち約30%の犬たちが飼い主とともにアマゾンオフィスへ出勤するそうです。犬を大切な家族として受け入れる企業文化を顧客へ発信し、404ページにブランディングとしての一側面を持たせています。

米アマゾンの404ページ

リンク先ページ

6 遊び心いっぱいに

●イラっとしがちな瞬間をクスッとした笑いに変える

広島県観光大使の有吉さんによる「おしい！広島県」の404ページ。イラっとしがちな瞬間をクスッとした笑いに変えるにはセンスが問われます。

「おしい！広島県」の404ページ

このように写真やイラスト、コピーなどを駆使して相手の関心を引くことができればしめたものです。ただし、やりすぎは厳禁。お客さんの感情を逆撫でしないように加減してくださいね。

●むしろ辿り着きたい 404 ページ

　また、YAMAHA 発動機のウェブサイトでは、404 ページを訪れた人限定のプレゼントがもらえます。「ささやかですが、お詫びの気持ちとしてこのページ限定のプレゼントをご用意しました」と 404 種類のバイク画像で作った壁紙。バイク好きなら、むしろ 404 ページに辿り着いたことに感謝してしまうのでは？

YAMAHA 発動機の 404 ページ

7 商品ページへ誘導する

●表示されないことを逆手に取った宣伝もできる

　よく消えると評判の消しゴム「フォームイレーザー」が、消してしまったのかもしれません——サクラクレパスの404ページでは、自社商品と上手に絡めてメッセージを作っています。

サクラクレパスの404ページ

あなたの提供する商品やサービスでも「消えた」といったキーワードや喪失感に、関連性を持たせることができないでしょうか？　こうすることにより、商品をアピールするだけでなく、自然に商品ページへ再誘導することができます。

● 「こんなのも好きかも」は効果的

　家具や室内の装飾に特化した E コマースサイト BALLAD DESIGNS は、WhichTestWon の 2014 年の A/B テストで、ゴールドリボン賞を獲得しています。404 ページに関連商品を表示させたことで、カート追加率、総購入率、新規顧客の購入率、平均ページビュー数がアップしました。

BALLAD DESIGNS の 404 ページ

　あなたのサイトの 404 でも「you may also like（こんなのも好きかも）」をテストしてみると良いでしょう。

第10章
ユーザー体験をもたらすマイクロコピー集

　この項では、カテゴリーに収まらなかったマイクロコピーの事例を、いくつかピックアップしています。どれも新鮮なユーザー体験を与えてくれるものばかりです。あなたのウェブサイト作りのアイデアとして、ぜひ活用されてみてください。

1 動画のマイクロコピー

●サムネイルのマイクロコピーで再生を促す

　Unbounce.comでは、「もしこれを読んでいるのなら、まだあなたはボタンを押していませんよ」というマイクロコピーが動画のサムネイルに表示されるようにして、再生を促しています。

　ウェブサービスの使い方を説明するデモ動画などに使えますね。

Unbounce.com の動画サムネイル

●動画が再生できない時のためのマイクロコピー

また、スマホで閲覧しているけれど、地下鉄に乗っていてイヤフォンは持ってない……そんな時は音が出せないので、動画ではなくテキストで読みたいですよね。

プロジェクト管理ツール Asana の動画には、「ヘッドホンをお持ちではないですか？　テキスト版をお読みください」というマイクロコピーとともに、テキスト版へのリンクが貼られています。

あなたのサイトでも使える箇所はありませんか？

Asana の動画のマイクロコピー

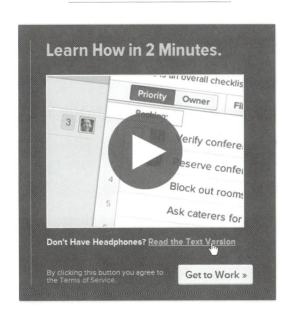

2 ブランディングのための マイクロコピー

●価格表記ですらブランディングに使える

teuxdeux.com では、定期購入の月額/年払いの退屈な価格表記を、マイクロコピーでユニークに見せています。

teuxdeux.com の価格表記

Bandcamp アプリでは、ユーザーへレビューを求める時のマイクロコピーがユニークです。

Bandcampアプリのレビューを求める時のマイクロコピー

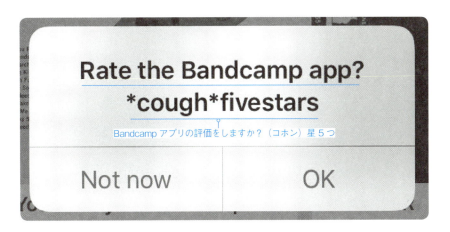

Bandcampアプリの評価をしますか？（コホン）星5つ

このように、会社のブランドボイスに合わせて、様々な箇所のマイクロコピーを砕けた感じにするのも良いかもしれません。

性別選択から企業の姿勢が見えることも

また、Googleアカウントの作成画面では性別に「女性・男性・その他・回答しない」が使われています。

Googleアカウントの性別選択画面

性別認識が多様化している現代において、様々なジェンダーを尊重する姿勢が見えてきます。これも一種のブランディングと言えるでしょう。

3 ユーザーの行動をねぎらう マイクロコピー

●ねぎらうことでファンが増える

ウェブブラウザFirefoxの最新バージョンで表示すると、「おめでとう！」と祝福してくれるのはFirefoxの開発元、Mozillaのウェブサイト。

Mozilla のウェブサイト

mozilla

おめでとう！　最新バージョンの Firefox をお使いです。

米スターバックスのパスワード復元完了画面では「簡単だったでしょ？」のマイクロコピーが表れます。

米スターバックスのパスワード復元完了画面

Your Starbucks Account

Reset Password

Success!

Your password has been successfully reset! Wasn't that easy?

このように、相手が起こしてくれたアクションに対して、ねぎらいの言葉をかけるだけでも、ユーザーの満足度につながります。

ありがとうございます、お疲れさまでした、おめでとうございます。どんな声がけでも構いません。ほんの少しでも、そのメッセージに感情を乗せられないかを考えながら、マイクロコピーを設計してみてください。

小さな箇所のメッセージの積み重ねが、さらなるアクションを引き出します。

たったそれだけで、あなたのファンが増えていくのです。

4 使い方をガイドする マイクロコピー

●使い方が理解できない機能はないのと同じ

iOSのSiriにもマイクロコピーが使われています。ユーザーが特定の機能を使用するために、「太郎くんにメッセージ、すぐにいきます」など、どのように声をかけたら良いのかガイドしてくれます。

Siriのマイクロコピー

Uber アプリでは、クレジットカード情報のカメラ登録機能がついています。「ここでカードをお持ちください」はユーザーをガイドするマイクロコピーです。言葉がなければ、どうやって使ったらいいかわかりませんよね。

Uber アプリのマイクロコピー

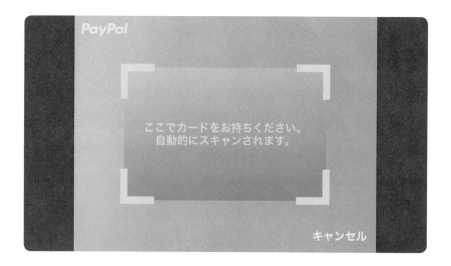

5 フォーム記入の必要性を高めるマイクロコピー

●ラベルに一言添えて、なぜ必要かを理解してもらう

最後に wufoo.com より。

wufoo.com のマイクロコピー

なぜこの欄への記入が必要なのか？ ラベルのすぐ近くに補足的なマイクロコピーを添えましょう。使用目的や、なぜこれが必要なのかを言葉で伝えることで、記入完了率を高めることができます。wufoo.com のようにラベルの下に、グレー色で入れるだけも構いません。

いかがでしたか？

　私たちの身の回りにはたくさんのマイクロコピーで溢れています。ウェブサイト、アプリ、OS に至るまで、新たな視点を持つと、人知れずマイクロコピーが活躍していることがわかります。

第11章
オリジナルのマイクロコピーの作り方

　ここまで様々なマイクロコピーの事例を見てきましたが、これらを踏まえ、この章では、あなたがマイクロコピーを作る時、もしくは修正が必要な時に使える、とっておきのフレームワークや考え方をご紹介します。

1 ワークシートを使って考える

●マイクロコピーを成功させる4つの要素

コピーライターのダン・ケネディは、広告・マーケティングを成功させる方法についてこう語っていました。

正しいマーケット（Market）に、正しいメッセージ（Message）を、正しいメディア（Media）を通じて伝える。

これを彼は「マーケティングの3M」と呼んでいます。

もし、マイクロコピーにおいても、これに似た格言が必要なら、インターコムのCOO、デス・トレーナーの言葉がぴったりでしょう。

正しい相手に、正しいメッセージを、正しいタイミングで、正しい方法で送りなさい。

——デス・トレーナー（インターコム）

そう、マイクロコピーにおいては、マーケティングの3Mに「適切なタイミング」が加わります。私たち発信で、キャンペーンセールをおこなうのとは違い、相手が必要としているタイミングで、すでにマイクロコピーが「書かれて」いなければならないからです。例えば、手続きの完了ページや、入力フォームが自動で返すエラーメッセージなどがそれにあたります。

218

「付箋に書くメッセージ」のイメージで考える

マイクロコピーは、付箋に書くメッセージに似ています。

「ありがとう」

「ハンコをお願いします」

「いつものところにあるからチンして食べてね」

たった1ワード、1フレーズ、1センテンスであっても、その背景にはたくさんの情報が詰め込まれています。相手との関係性、伝えたい内容、感情、その前にあったやりとり……そこには2者間だけにしかわからない非言語なコミュニケーションが含まれているのです。

こんな風に考えてみてください。もしあなたがご自身のウェブサイトの中で、付箋を貼るとしたら、どの箇所に、どんなメッセージを書くでしょうか？ ただし、付箋に長い文章は書けません。できるだけスマートに、芯の通った言葉で伝える必要があります。

そこで、初めのうちはこのワークシートを使って、マイクロコピーを作ってみると良いでしょう。How や What、Who や When など、メッセージのコンテキスト情報や、どんな行動や感情の変化を期待するのかが明確になります。

マイクロコピー作成ワークシート

①そのメッセージは誰に向けたものか？	○新規ユーザー　　○リピーター ○無料会員　　　　○プレミアム会員 ○お試し会員　　　○管理者 ○編集者　　　　　○読者 ○上位顧客　　　　○すべてのユーザー　など
②彼らになにを伝えるか？	○「設定を変更してください」 ○「未記入の項目があります ○「管理権限がありません」 ○「プランをアップグレードしますか？」 ○「購入した商品のSNSへのシェアを忘れないで」 　など
③それをどんなトーンで言う？	○カジュアル　　　○フレンドリー ○ビジネスライク　○可愛い ○楽しい　　　　　○陽気 ○落ち着いた　など
④どのタイミングで言う？	○いつでも　　　　　　　　　○サインアップ時 ○正しくフォーム入力を完了した時 ○購読をしてくれたあと　　　○商品購入時 ○お試し期間終了3日前　など
⑤どのようにメッセージを表示する？	○インターフェイス上で ○メールで ○サンクスページで ○ショートメッセージ（SMS）で ○プッシュ通知で　など
⑥メッセージを伝えることで彼らはどうなる？（行動・感情）	○不安がなくなる　○疑問や懸念が解消される ○楽しい　　　　　○幸せを感じる ○購入・購読する ○自分の買った商品を自慢する 　（人に教える、シェアする） ○アップグレード手続きをする ○フォームを修正・再記入する　など

2 お客さんの不安、懸念、疑問に スポットを当てる

●顧客が抱える9つのリスクとその対策

　人に行動を促すマイクロコピーを考える場合は、「なぜ行動しないのか」から考えてみるという方法もあります。

　人が行動するには動機が必要です。もっと言えば、行動へとつながる意思は、動機によって支配されていると言っても良いでしょう。

　しかし、私たちが「ダイエットをしよう」と決意する時、もしくは「高級腕時計を買おう」と考えている時、同時に心理的な障害が生まれます。それは、苦労が水の泡になったり、お金を無駄にしてしまうこと、もしくはプライバシーへの不安など別の懸念かもしれません。どんな行動を起こすかによって、障害の内容は変わっていきます。

　そして、心理的な障害があることにより、当然、失敗や選択ミスへの恐怖感が湧いてきます。その恐怖感が、成功や達成への願望を上回る時、人は行動をやめてしまうのです。

　「今すぐ購読する」ボタンを設置する時、そのすぐそばには、心理的な障害を取り払う言葉が、添えられているでしょうか？　お客さんにとって、行動をするのにどんな不安・懸念・疑問があるのでしょうか？　あらかじめ炙り出しておけば、A/Bテストの訴求を確かなものにできます。

　『消費者動向：マーケティングマネージャーへの実践応用編（仮邦題）』の著者、ジェフリー・ラントスは顧客が抱える9つのリスクとその対策について次のようにまとめています。

顧客が抱える９つのリスクとその対策

リスクの種類	不安	不安を拭う方法
金銭的なリスク	お金を失うこと	保証をつける
社会的なリスク	他の人は賛同してくれるだろうか	お客様の声を添える
エゴ	面目が潰れること	名誉心をくすぐる
機能的なリスク	使いものにならないこと	無料トライアル
身体的なリスク	安全性の問題	証明書を提示する
心理的なリスク	満足できないこと	感情に訴えるコピー
時間のリスク	使い方がわかるかどうか	24時間サポート
努力	苦労するのではないか	わかりやすい指示
陳腐化すること	時代遅れになるのでは	安価でのアップグレード

●メッセージの訴求を決める穴埋めワークシート

　さらに訴求を落とし込んでいくために、次の穴埋めワークシートを使って、お客さんが感じるネガティブな要素をピックアップしてみてください。これに記入することでA/Bテストの訴求案を簡単に３つ作ることができます。

　あなたが顧客だったら、一番に感じる不安はなんでしょうか？　その次に感じる懸念点は？

　これらを穴埋めした時の、C、D、Eの答えがメッセージの訴求のキーポイントになります。

メッセージの訴求を決める穴埋めワークシート

私は＿＿＿A＿＿＿をすることで＿＿＿B＿＿＿を手に入れたい

でも＿＿＿＿＿＿＿＿＿＿C＿＿＿＿＿＿＿＿＿＿が不安。

しかも、＿＿＿＿＿＿D＿＿＿＿＿＿だったら嫌だなあ。

第一＿＿＿＿E＿＿＿＿がよくわからないからクリック（入力）

したくない。

A＝手続き、すること（行動）

B＝行動することによるベネフィット

　　（手に入れられる有形無形の価値）

C＝顧客が真っ先に、感じるであろう不安

D＝その次に顧客が懸念していること

E＝もし無理やり「行動しない理由」を作るとしたらなにか？

穴埋めワークシートの記入例①

私はメルマガ購読をすることで 30% オフのクーポンを手に入れたい。

でも、スパムメールが届かないか不安。

しかも、毎日のようにメールが届いたら嫌だなあ。

第一、中身が面白いのかどうかよくわからないからクリックした

くない。

電子書籍の Paypal 支払いを求めるサイトでは、「この本のご購入は Paypal を通して決済されますが、お客様が Paypal アカウントを持っている必要ありません」のマイクロコピーが使われています。「支払いに、面倒なサインアップが必要なのでは？」と考えている見込み顧客はとても多いのです。

これを、先ほどの穴埋めワークシートで考えてみると、次のようになります。

穴埋めワークシートの記入例②

私は書籍を購入することで Web デザインの知識を手に入れたい。
でも、Paypal の支払いが不安。
もし、面倒な登録手続きが必要だったら嫌だなあ。
第一、いままで使ったことがないしよくわからないからクリックしたくない。

---

3 顧客に寄り添って考える

● 今日初めてインターネットにつなぐ人もいる

これまで見てきたように、一口にマイクロコピーと言っても様々な目的のものがありますが、どのようなマイクロコピーを考える際にも重要なのが、顧客に寄り添って考えるということです。

「お客さんは完璧に行動してくれる」

そうであれば嬉しいのですが、思ったよりもお客さんはポカやミスをします。

例えばアンケートフォームや、お問い合わせフォームから届くメッセージを読んで、どんな間違いをしているか見てみると良いでしょう。思い違いによるもの、うっかりによるもの。あなたが意図したものと、かけ離れた使い方をしているようなら、改善の余地があります。

> 言語に関してもっとも基本的な事実の1つは、ある1つの語は2人の別々の人間にまったく同じ意味を持たないということだ。
> ──ルドルフ・フレッシュ（教養と文章の専門家）

あなたは、パソコンやスマートフォン、タブレットで初めてインターネットにつないだ日のことを覚えているでしょうか？　慣れないマウス操作をしたり、タップをしたり、人差し指で1文字ずつキーボード入力しながら、時間を忘れてウェブサイトや動画を見て回ったでしょう。

世の中には、今日初めてインターネットにつなぐ人もいれば、初めて通販を利用する人もいます。あなたは、そのような人たちにも親切なウェブサイトを作っているでしょうか？　私たちが当たり前だと認識していることでも、初めての人にとってはひどくわかりにくいものです。あらゆるウェブセールスは、使いやすさの上に成り立っています。

かつてアメリカの伝説的なコピーライター、ロバート・コリアーはこう言いました。

　我々は「顧客視点で考えろ」と普段から言っている癖に、いかに「顧客視点での言葉」を使っていないかがよくわかる。

せっかく魅力的な商品・サービスを売っているのに、社内用語や、業界用語で埋め尽くされたウェブサイトをよく見かけます。なんとなく凄いのはわかる……でも、よくわからないまま話が進んで、おいてきぼりにされた感覚になったことはないでしょうか？

●顧客の知識レベルに合わせた言葉遣いが大切

専門用語の多用は、あなたがその分野・業界について詳しく知っていれば知っているほど、陥りがちです。

自分たちがこの専門分野のトップであること、ライバルよりもノウハウに長けていることを主張しようとすればするほど……ページ内には、専門用語が溢れていきます。そうすると、あなたの思惑とは裏腹に、顧客との距離はどんどんと離れていくのです。

でも、実際のところ専門用語はどのくらいまで許されるんでしょうか？

これは、あなたの顧客がどの程度の知識レベルかにもよります。

例えば、専門的なことを扱うコミュニティや、高い知識レベルの人たちが対象のサイトであれば、専門用語は、むしろスマートに説明ができるため歓迎されるでしょう。

Amazonの開発者・ITチーム向けサービスのマイクロコピー

至る所にジャーゴン（専門用語）が溢れる。

一方で、その分野の初心者、小学生やシニア世代にとっては、専門用語が、サイトを使う上での障害物になる可能性があります。

Yahoo! きっずの検索フォーム

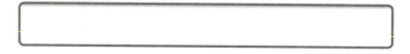

小学生でも使いやすいようにコピーが差し替えられている。

マイナンバー個人番号カードの申請画面（スマホ）

メール連絡用氏名　　　　　　　　　※必須

送信するメールの宛名に使用しますので、お名前(JIS第一水準漢字及びJIS第二水準漢字)を全角50文字以内で入力してください。
※上記「申請書ID」に対応するお名前を入力してください。
例)番号太郎

「JIS第一・第二水準漢字」では、ガイドとしての役割を果たしていない。

「エビデンス」はあなたの顧客が普段使う言葉でしょうか？
「アライアンス」は一般的な言葉でしょうか？
　お客さんとの会話や、お客さんの書く文章の中に、彼らにとってのわかりやすい言葉のヒントがあります。
　逆に言えば、個人的な感覚や、社内で作られたサービス名・内部用語、

統一できていないブランディング、ズレたターゲット顧客やペルソナなどを持ち込むことでマイクロコピーが乱れ始めます。

相手に考えさせないこと。個々の言葉を、慎重に、1つ1つ吟味してみてください。ユーザビリティの専門家、スティーブ・クルーヴは「何も考えずに、これしかないだろうと3回クリックするのと、これかなぁと迷いながら1回クリックするのとは同じ重みを持つ」と言っています。

●自分の頭の中の言葉で作ろうとしない

多くの場合、ウェブデザイナーは過去の経験によって、開発者はプログラミングやその世界での言語で、経営者はその業界の用語で、コピーを作り始めます。良いマイクロコピーを書く秘訣は、自分の頭の中の言葉で作ろうとしないことです。

お客さんには「ニュースレター」というべきでしょうか？　それとも「メールマガジン」の方がなじみある言葉でしょうか？

「経営者」「社長」「起業家」どれも似て非なる言葉ですが、会社の代表へなにかを呼びかける時、どれを選ぶべきでしょうか？

どれも些細なことのようで、どれも軽んじてはならない要素なのです。

とある通販サイトでは、欲しい商品の値引きをTwitterでリクエストできる「ナビバリューリクエスト」というサービスを展開していました。

オリジナル

ナビバリューリクエストとは？
あなたの"つぶやき"で安く買えるチャンス！
@ecnaviに安くしてほしい商品を教えてね。

しかしこの「ナビバリューリクエスト」という言葉。説明がなければ、どんなものなのかさっぱりわかりませんよね？

そこで、これとは別に、他の2つのパターンを用意してA/Bテストをおこないました。

パターンA

販売リクエストとは？
あなたの"つぶやき"で安く買えるチャンス！
@ecnaviに安くしてほしい商品を教えてね。

パターンB（オリジナルに比べてクリック率が93.9％向上）

値引きリクエストとは？
あなたの"つぶやき"で安く買えるチャンス！
@ecnaviに安くしてほしい商品を教えてね。

すると……オリジナルに比べ、パターンBの「値引きリクエストとは？」のコピーでは、クリック率が93.9％もアップしました。

わかりにくい造語は、本来のサービスの良さをぼやかしてしまいます。特に、会議室から生まれた造語や、横文字ワードには注意が必要です。

4 ユーザーテストでヒントを見つける

● 社内の人間ですら使いにくいサイトもある

　お客さんのポカやミスを誘うような、誤ったコピーを発見するには、お客様の視点からのチェックが欠かせません。誰かにお願いして、PC の前に座ってもらい、自社のウェブサイトで実際に買い物をしてもらうと良いでしょう。いわゆる、ユーザーテストです。

　私がコンサルティングに入ったある通販会社さんでは、内部のパートさんにユーザーテストをしたところ、5 人中 4 人が注文できませんでした（もう笑うしかありませんでした）。このテストはすべて録画していたので、それを役員会議で見せると、システム部門も、社長もぐうの音も出ないようでした。

　「サインアップってこれ押せばええの？」

　「買うのになんで会員がいるんやろ？」

　「これカタカナで入れるの？」

　クリックする時に口から漏れる言葉、入力する時に発する言葉など、録画したビデオからそうした意外な言葉をピックアップするのが、ユーザーテストの目的です。ユーザーテストをおこなうと、販売側には予想だにしない発見があります。

　ユーザーの手が止まってしまっている時には、「いま、どこがわかりにくいですか？」と尋ねて、その時の迷いや感情を引き出します。これは思考発話と言って、考えていることをそのまま口に出してもらうユーザビリ

ティテストの手法です。

優秀なコピーライターも、消費者が使っている言葉をリサーチします。冗談や愚痴を言う時、楽しかったことや興奮したことを話す時の、自然な言葉です。ライバル企業が難しげな言葉を振りかざしている時も、焦ることはありません。ぜひ専門用語を手放すことを恐れないでください。

● マイクロコピーの精度を高める Google トレンド

また、ユーザーテストはおこなえないという場合は、データを元にした言葉の設計法を使うのもいいでしょう。あくまで補助的なものですが、これがあれば、推測でマイクロコピーを作るより確かなものになります。

例えば、あなたのウェブサイトで、「会員登録」と「サインアップ」どちらのマイクロコピーを使うべきか迷った時、Google トレンド（https://trends.google.co.jp/trends/）を使ってみてください。

Google トレンドは、指定したキーワードの検索傾向（人気度）を調べることができる、無料のウェブツールです。調べたいワードをフォームに入力すれば、それがどれくらい検索されているかをグラフで表示してくれます。国、期間、カテゴリーを設定することができるため、あなたのビジネスのターゲット層に絞ったリサーチができます。

例えばショッピングのカテゴリーでは「楽天・会員登録」「Amazon・会員登録」などのように「会員登録」というキーワードが圧倒的に検索されています。

232

Google トレンドの結果（ショッピングのカテゴリー）

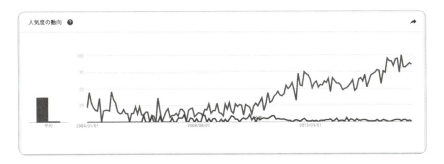

　しかし一方で、TV ゲーム・PC ゲームのカテゴリーを見てみると人気度の動向は逆転します。これは、Playstation などのハードウェアでは、設定画面で「サインアップ」というワードが使われているため、ユーザーも同様の言葉で検索する傾向にある、と推測されます。

Google トレンドの結果(TV ゲーム・PC ゲームのカテゴリー)

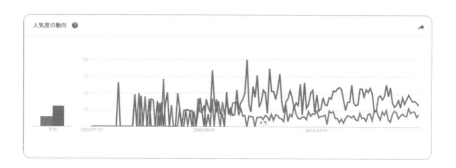

　あなたの顧客が、どのような言葉を使っているかを、調べてみると良いでしょう。

　実際に、ソフトウェア会社の Veeam は、わずかなコピーの差し替えによって大きな成果を挙げています。Veeam には、それまで見込み客からの、製品価格の問い合わせが頻繁にあったのですが、顧客とのパートナー契約の都合上、ウェブサイトに価格を掲載することができませんでした。

　そこで「Request a quote（見積もりを要求）」という表現を「Request pricing（価格を要求）」に差し替えたところ、なんとそれだけでクリック率が 161.66% も向上したのです。このケースでは、サイトに訪れたお客さんの頭の中では「価格」が、キーワードだったのです。

Veeam のサイトのコピー

Next Step

»Download

»Buy now and save

»Request a quote

Next Step

»Download

»Buy now and save

»Request pricing

こちらの反応が良かった!

第11章 オリジナルのマイクロコピーの作り方

5 コンテキストを意識する

●コンテンツ・イズ・キング

「Contents is King」

この言葉を最初に残したのは、ビルゲイツだと言われています。いまから 20 年以上前の 1996 年 3 月 1 日、当時の Microsoft のウェブサイトに、ビルゲイツが書き残したエッセイのタイトルが「コンテンツ・イズ・キング」でした。

そして、実際に彼が予言した通り、いま、コンテンツの時代が訪れています。

企業は、自社コンテンツの検索順位を上げるために、SEO ライターを雇い始めました。SEO ライターは、文章が破綻しないように気をつけながら、以下のようにコピーを編んでいきます。

○類義語 * や共起語 * を使う
○キーワードツールで月間検索数や競合性をリサーチし、キーワードを配置する
○検索した文字列に関連の深いサジェストワード、関連キーワードを配置する
○メインの単語の出現頻度の引き上げ
○Google サーチコンソールでの読み込み
○SNS での評価

かなり根気のいるプロセスですが、自社コンテンツの価値を最大化させる、大切な役割を担います。

しかし、読み放題サービスの Kindle Unlimited、その他 Netflix や Spotify が象徴するように、あらゆるコンテンツの価値は安価になり、限りなくゼロの方向に向かっていきます。情報は膨大に膨らみ続け、その中から自社コンテンツを見つけ出してもらうのは極めて困難です。コンテンツから売り上げを生み出している企業は、必然的に質ではなく量に頼るようになっていきます。

そうなるとなにが起きるか？　ご存知の通り、大きくニュースにも取り上げられた、DeNA の医療系まとめサイト WELQ（ウェルク）のような問題＊です。コンテンツを量でカバーしようとすると、管理が行き届かなくなり、極端な質の低下を招く可能性があります。

●コンテキスト・イズ・クイーン

では、お抱えのライターがいるわけでもなければ、時間やお金といったリソースの限られている私たちが、どのようにコンテンツの価値を高めていけば良いのでしょう？　コストをかけずにオンライン上で、言葉の価値を最大化させるには？

そこで鍵となるのが、「コンテキスト・イズ・クイーン」という考え方です。

＊ 類義語　言葉は異なるが、意味の似通った語のことです。「家」と「住宅」、「合格」と「通過」と「パス」など。

＊ 共起語　あるキーワードが文章中に現れた際に、その文章で頻繁に用いられる他の単語のこと。例えば「コーヒー」というキーワードが文章中に出てくると、その文章には「ドリップ」や「焙煎」というキーワードがよく用いられます。

＊WELQ のような問題　DeNA の傘下にある健康・医療系キュレーション（まとめ）サイト WELQ において、不特定多数のライターによって書かれた信憑性の低い記事が、著作権を無視したコピー＆加筆によって大量に作られていた問題。

コンテキストとは、「文脈・背景・前後の情報」といった意味を持つ言葉です。見込み客のコンテキストを読み違っていれば、あなたが作ったコンテンツはまったく意味のないものになってしまいます。いわゆる、メッセージと読み手のミスマッチです。

Silverpop 社による 150 ものランディングページの調査『注意を引き付ける 8 秒間の法則：シルバーポップ・ランディングページ・リポート』では次のようにまとめられています。

○150 のランディングページのうち 45％が、キャンペーンメールに書かれている強力なセールスコピーを、リンク先のランディングページ内で表示していなかった。
○同社によってレビューされたランディングページの 35% が、キャンペーンメールの見た目やトーンと一致しないデザインのページに飛ばしていた。
○もっとも成功しているランディングページの内容は、E メール内のCTA ボタンのコピーと一致していた。

これらの調査から見えてくるのは、コンテキストを汲み取ったページの設計が、成約率の改善に必要不可欠だということです。つまりページを作ったら、必ず、その前後の流れがスムーズになっていなければなりません。

例えば、hotjar.com では、検索広告のキーワード「All-in-one」と「Try it for free!」を、クリック先のランディングページのファーストビュー*でも使用しています。こうすることで、クリックしたユーザーの興味関心

※ファーストビュー　ブラウザで Web サイトを表示した時にスクロールせずに最初に見える範囲。

を、次のページでも高く保とうとしているわけです。

hotjar.com の検索広告

New All-in-one Analytics Tool - Understand What Users Want - hotjar.com
Ad www.hotjar.com/ ▾
See how your visitors are really using your website. Try it for free!
Heatmaps · Plans & Pricing

hotjar.com のランディングページ

hotjar   Product Tour   Pricing   Careers   Support   TRY IT FOR FREE   SIGN IN

All-in-one Analytics & Feedback

Hotjar is a new and easy way to truly understand your web and mobile site
visitors. Find your hottest opportunities for growth today.

TRY IT FOR FREE

No credit card required – Get started in seconds.

6 全体が1つとなるような、なめらかなフローを設計する

●マイクロコピーはお客さんが体験する流れに沿って

商品を購入するまでには、いくつものプロセスがあります。例えば、以下のような感じです。

全体のフロー

Google検索	Google広告	商品ページ	会員登録
お届け先・支払い方法の確定	決済ページ	注文完了ページ	（注文確認メール）
サインアウト	商品発送のお知らせ	商品の到着	（同梱物・メッセージ）
Eメールによる呼び戻し	ログイン	商品ページ	決済ページ

マイクロコピーを考える際には、このようなお客さんが体験する流れに沿って、各プロセスで、コンテキストを汲んだマイクロコピーを設計する必要があります。

では、実際にお客さんの行動のパターンを把握してコピーを書くにはどうしたら良いのでしょうか？

まずは、お客さんがあなたのサイトにやってきてからの、一連の流れを

思い浮かべてみてください。

お客さんはなにをしようとしているのか？

お客さんはどんな経路でやって来たのか？

お客さんは次にどこへ向かおうとしているのか？

他にどんな行動の選択肢があるのか？

これらを1つずつ考えながら、順を追って全体のプロセスを設計していくのです。上図のようなフローチャートを作ってみるのも良いでしょう。

ここで大切なのは、お客さんの行動の流れだけではなく、各プロセスで「どんな感情を抱いているか？」「どんな不安・懸念・疑問を感じているか？」「どんな情報を探しているか？」といった思考や感情面にもフォーカスすることです。そうすると、お客さんがいまなにを必要としているのか、どんな助けが必要なのか、プロセスごとに明確になっていきます。

ボタンやメニューのラベル、インターフェイスに書かれているマイクロコピーは、お客さんが次のステップに進むための親切な設計になっているでしょうか？　迷わせたり、混乱させていないでしょうか？

前後の文脈を見た時に、言葉は連携されているでしょうか？　そこに至るまでの、行動の流れ、思考の流れ、感情の流れを断つようなコピーが急に現れたりしないでしょうか？

例えば Zendesk では「トライアルを開始」ボタンをクリックすると、次ページには「さあ始めましょう」のメッセージ。コンテキストを汲んだマイクロコピーになっています。

Zendesk のトライアルボタン

トライアルボタンをクリックしたあとに表示されるメッセージ

カートシステム内ページの、滅多に表示されることのないエラーメッセージや、メールや SNS でシェアする際に、デフォルトで記入されているメッセージ。ありとあらゆるところが、お客さんに見られる部分です。

　急にテンプレートのような言葉が表れたり、意味不明なエラーコードが表示されると、ウェブサイトの全体の調和が乱れるだけでなく、ワクワクしていたお客さんの気持ちが「冷める」瞬間にもつながりかねません。

　世界観を壊すような舞台袖やバックステージは、見せるべきではない

のです。

　全体が1つとなるような、なめらかなフローを設計するためにも、小さな箇所にこそ、十分気を配ってください。

● 「迂回路」を用意する

　そして、お客さんの辿り着いた先が、行き止まりになることのないようにしてください。購読解除の完了ページや、404ページ、サンキューページのような、一見、もうこの先がないようなページでも、「迂回路」を用意しておけば、また別のコンバージョンへとつながる可能性が高まります。

購読解除を避けるために、プランBを提案する

"I'm voting for the President in 2012—I just get too many emails."

That's what a lot of folks who end up on this page say.

Here's why we think you should stick around: If you want to see the President re-elected in 2012, you should stay looped in on the efforts to make it happen.

Just looking to get fewer emails? We can send you campaign updates only once a week or so. Be sure to select your preferred frequency option below.

Email Address *

Fewer or no emails?
Fewer emails

SUBMIT

「2012年の大統領選挙では現職に投票します——ただ、メッセージがあまりにも送られてくるので解除したい」
このページに辿り着いた人の多くがそう言います。
でも、解除しない方が良いと思うのです。
2012年にオバマ大統領が再選することを望むのなら、それを実現させるために、このまま解除せずにいるべきです。
受信するメールの数を減らしたいですか？　最新情報は週に1度程度で良いと言うなら、希望する受信頻度を、以下で選択できますので、設定してください。

これは、2012年のオバマ元大統領の公式サイトのメルマガ解除フォームです。通常であれば、購読解除のボタンをクリックした場合、「ご購読ありがとうございました」のメッセージが現れて、それでおしまいですよね？　しかし、オバマの選挙対策チームは一枚も二枚も上手です。「購読する」「解除する」の他に「受信するメールを減らす」という行動の選択肢を与えて、顧客との接点を保っています。

7 マテリアルデザインを参考にする

●マテリアルデザインとマイクロコピー

　マテリアルデザインとは、Google 社が提唱した UX デザインの理論のことです。

　これは私たちが住む実世界の物理的法則と、同じルールに基づいて、デザインのパーツを扱い、直感的に操作できるようにするものです。例えば、「3D の奥行き感」「重なり」「直感的な動き」といったものをどのように設計すれば、私たちにとってわかりやすく、自然に操作できるかが、マテリアルデザインの中心にあります。

　Google が提供しているマテリアルデザインのガイドラインには、色、形、モーションといった要素だけではなく、「どのようにラベルのテキストを書くべきか？」についても言及されています。これはマイクロコピーを考える際にも非常に参考になります。日本語版も公開されているので、一度読んでみると良いでしょう（https://material.io/jp/guidelines/）。

ラベルテキストのマテリアルデザインのポイント

適切なラベル

○もっとも重要な言葉をラベルの先頭に置く。詳しい説明を補足する場合は、説明は動詞で終わらせる（例えば「チェックを入れると定期購読できます」でなく「定期購読する場合はチェックを入れます」とする）。

○「禁止」や「厳禁」などの否定的な言葉は「不要」などの中立的な言葉に言い換える。

○人称代名詞は使用しない（例えば「私への通知」ではなく「通知」とする）。ただし、設定に対する誤解がないようにユーザーについて言及する必要がある場合は、一人称「私」ではなく二人称「あなた」を使用する（ユーザーを主語にし、能動態で書く）。

不適切なラベル

○一般的な用語を使う（設定、変更、編集、修正、管理、使用、選択など）。

○セクションまたはサブ画面のタイトルで使われている言葉を繰り返す。

○専門用語を使う（対象となるユーザーに広く理解されている場合を除く）。

引用元：マテリアルデザインパターン（Patterns）

参考資料一覧

参考文献

○ Microcopy: The Complete Guide - Kinneret Yifrah, Nemala

○ The Craft of Words: Parts 1 and 2 (Bundle) - The standardistas

○ Getting Real チャプター9「Copywriting is Interface Design」- 37signals

○ Microinteractions: Designing with Details, Chapter 3 - Dan Saffer, O'Reilly Media, Inc

○ Microcopy: Discover How Tiny Bits of Text Make Tasty Apps and Websites (English Edition) - Niaw de Leon

○ influence: The Psychology of Persuasion (Collins Business Essentials) - Robert B., PhD Cialdini, HarperBusiness

○ Buttons & Click - Boosting Calls to Action - Joanna Wiebe, copyhackers.com

○ 8 Seconds to Capture Attention: Silverpop's Landing Page Report - Silverpop

○ 『ザコピーライティング―心の琴線にふれる言葉の法則』ジョンケープルズ（著）、神田昌典（監修監修）、齋藤慎子（翻訳）、依田卓巳（翻訳）、ダイヤモンド社

○ 『セールスライティングハンドブック 「売れる」コピーの書き方から仕事のとり方まで』ロバートWブライ（著）、鬼塚俊宏（監修）、南沢篤花（翻訳）、翔泳社

○ 『伝説のコピーライティング実践バイブル―史上最も売れる言葉を生み出した男の成功事例269』ロバートコリアー（著）、神田昌典（監修）、齋藤慎子（翻訳）、ダイヤモンド社

○ 『超明快Webユーザビリティ―ユーザーに「考えさせない」デザインの法則』スティーブクルーグ（著）、福田篤人（翻訳）、ビーエヌエヌ新社

○ 『部長、その勘はズレてます！「A/Bテスト」最強のウェブマーケティングツールで会社の意思決定が変わる』ダンシロカー（翻訳）、ピートクーメン（翻訳）、栗木さつき（翻訳）、新潮社

○ 『サービスが伝説になる時』ベッツィサンダース（著）、和田正春（翻訳）、ダイヤモンド社

○ 『伝わるWebライティング―スタイルと目的をもって共感をあつめる文章を書く方法』Nicole Fenton（著）、Kate Kiefer Lee（著）、遠藤康子（翻訳）、ビーエヌエヌ新社

○ 『コンテンツマーケティング64の法則』アンハンドリー、ダイレクト出版株式会社

○ 『ヤフートピックスの作り方』奥村倫弘（著）、光文社

○ 『ヤコブニールセンのAlertbox――そのデザイン、間違ってます』Jakob Nielsen（著）、舩井淳（翻訳）、奥泉直子（翻訳）、川崎幹人（翻訳）、RBB PRESS

○ 『グロースハック 予算ゼロでビジネスを急成長させるエンジン』梅木雄平（著）、ソーテック社

参考ウェブサイト

- Nemala Microcopy Studio（http://www.writingmicrocopy.com/）
- Copy Hackers（https://copyhackers.com/）
- Basecamp（https://basecamp.com/）
- MailChimp（https://mailchimp.com/）
- HubSpot（https://www.hubspot.com/）
- Dropbox Design（https://medium.com/dropbox-design）
- tiny words matter（https://tinywordsmatter.tumblr.com/）
- GoodMicrocopy（http://goodmicrocopy.com/）
- empty states（http://emptystat.es/）
- LittleBigDetails（http://littlebigdetails.com/）
- Bokard（http://bokardo.com/）ブログ記事 :Writing Microcopy
- Web 担当者 Forum（http://web-tan.forum.impressrd.jp/）
- baymard.com（https://baymard.com/）
- BRANDED3（https://www.branded3.com/）
- WhichTestWon（https://www.behave.org/）
- unbounce（https://unbounce.com/）
- contentverve（http://michaelaagaard.com/）
- marketingexperiments（https://marketingexperiments.com/）
- U-Site（https://u-site.jp/）
- Material Design（https://material.io/）
- Voice&Tone（http://voiceandtone.com/）
- MailChimp Content Style Guide（http://styleguide.mailchimp.com/voice-and-tone/）
- uie:The $300 Million Button（https://articles.uie.com/）
- uie:Microcopy that Strengthens Your Design's Experience - Des Traynor
  （https://aycl.uie.com/virtual_seminars/vs93_microcopy）
- uie:Writing the Interface - Elizabeth McGuane
  （https://aycl.uie.com/virtual_seminars/writing_the_interface）
- Conversational Copywriting - The future of selling online - Nick Usborne
  （https://www.udemy.com/conversational-copywriting/）
- Visual Website Optimizer(https://vwo.com/)
- Behave.org（https://www.behave.org）
- jstor.org（http://www.jstor.org/）
- Michael Aagaard website（michaelaagaard.com）
- TED（https://www.ted.com/）レニーグレッソン：404、見つからないページにまつわるお話
  ジョンマクウォーター：テキストメッセージが言語を殺す(なんてね！)
  ジョーゲビア：Airbnb の成功の裏にある信頼のためのデザイン

248

たった数文字の小さなテキストが、あなたのビジネスを丸ごと変える！

　私のセミナーに参加してくださった、東京都内でセールスライターとして働くKさんからこんな言葉を頂きました。

　「今までずっと長いレターばかりを書いては修正を繰り返していたので……自分の苦労はなんだったんだろうって。これなら小さな努力で、売り上げを伸ばす、ってのが実践できます」

　そう、実は私も同じ。コピーライティングやマーケティング、もっと言えばあらゆる仕事において、苦労したら、苦労した分だけ見返りがあるのだと思っていました。

　人生の貴重な時間。

　なけなしの貯金。

　多大な労力とエネルギー。

　これらを使って何百冊ものビジネス書籍を読んでは、アイデアを試してきました。時には情報に振り回され、痛い思いをしたこともあります。

　もちろん今となっては、ビジネス書の多くが成功した会社から逆算して作られていることはわかっています。実際に読んでみると、そのノウハウや方法論は、次のようなものばかり。

　○企業規模やお金が必要なもの

　○効果が出るまでに時間がかるもの

　○初期コストがかかるもの

　○専門的な知識が必要なもの

こんな風に、私たちには手出しできないものが多いのです。

ですがマイクロコピーを実践するのに、お金も時間も必要ありません。

実際に私が身を削ってテストしてきた、確かなものです。これまでの13年以上のキャリアの中で、2,014社を超える企業にコンサルティングを提供し、92.7億円以上の売上を伸ばしてきました。すでに実施したA/Bテストの回数は2,000回を超え、クライアントから預かった広告費を含め、最低でも5億円以上は使ってきたことになります。

あなたはもう、次々現れるマーケティング手法に翻弄されたり、やみくもに広告費を投じたり、成果を出すまでに何年も待つ必要はありません。過去のダイレクトレスポンス広告の巨人たちがそうしてきたように、常識破りな方法で、今度はあなたがブレイクスルーを起こすことができます。しかも驚くほど、シンプルで、小さなことで。

マイクロコピーは、中小零細企業の経営者とともに、ライバルの大企業と戦ってたどり着いた、「超生産的」なコピーライティングなのです。

* * *

さて、この本を読み終えたあなたには、今、3つの選択肢があります。

ひとつは、マイクロコピーを実践せずに、またいつも通りのビジネスを続けていくこと。世界中の企業が取り入れているA/Bテストツールや、効果実証済みのマイクロコピーの事例を目の前にして、それでも行動しない理由があるというなら、もう私にできることはありません。

もう一つは、今日やらずに、明日、来週、1ヶ月後に先延ばしすること。マイクロコピーを導入するのは一瞬です。長期に渡れば渡るほど、本来手にするはずだった利益を、取りこぼしていることを忘れないでください。

今日のうちに、0.1%でも成約率を改善しておけば、一年後のあなたの手元に残っているキャッシュがまったく変わってくるのです。

そして最後に、今からパソコンを開いてマイクロコピーを実践する道があります。ウェブテストの世界に「失敗」はありません。もし成約率が伸びないことがあったとしても、それは1つの仮説が「検証」されたに過ぎないのです。数字を測定し続けている限りは、あなたは必ず目標に到達することができます。つまり、科学的に成功することができるのです。

さあ、まずはやってみることです。

恐れずに一歩を踏み出し、今日からマイクロコピーを実践してみてください。

たった数文字の小さなテキストが、あなたのビジネスを丸ごと変えてしまうかもしれませんよ？

2017年7月

山本　琢磨

謝　辞

　本書を書き上げるにあたって一番初めに感謝を伝えなければならない人がいます。

　僕の無茶苦茶な原稿を読める文章に変え、リサーチからデータ整理、海外からの情報収集まで、この本の原稿を最後まで仕上げてくれた、セールスライターで、日本で最初のマイクロコピーの専門家、仲野佑希さん。彼の協力なしには、皆様にマイクロコピーの技術や素晴らしさをお届けできなかったでしょう。

　本書を執筆するきっかけをくれた『Amazon輸入はオリジナル商品で儲けなさい！』の著者でもあり、中国輸入のエキスパート、株式会社グッドバイラル代表取締役石山芳和様。

　かなり専門的なジャンル「マイクロコピー」。マニアックすぎて、マーケット規模も読めないような企画にもかかわらず、日本に広めようと出版を快諾いただきました株式会社秀和システム様。

　今回の原稿を仕上げるにあたって欠かせない、多くのA/Bテスト事例の提供と、実際のテストをしてくれた、UXストラテジスト兼UIデザイナーの清水令子様。

　サラリーマン時代に厳しく鍛えてくださったノーブルトレーダース株式会社の辻昇社長。

　JECCICAジャパンEコマースコンサルタント協会代表理事、川連一豊様にはともに売上向上の施策をする中で、より深い洞察を頂きました。

　株式会社DMMホールディングスの松栄立也社長、Forbesが選ぶ「ソーシャルメディアのパワーユーザーで影響力を持つトップ35」に選出されたソーシャルメディアの専門家、日本ではPDCAソーシャル代表　ニール・

シェーファー様、多くの方とコラボし繋いでくださったジョーこと、Joe Ishiyama Planning Office. の代表 石山城様。

初めてのコンサルティング先として多くを学ばせていただきました株式会社白鳩の池上勝社長。

女性用下着コンサルティングをしていたころにお会いした清水裕美子様には、ボイスアンドトーンを駆使したメルマガの書き方や、コピーライティングに関するたくさんの情報をいただきました。

＊　　　　　　＊　　　　　　＊

売り上げ向上のテストを共にしてくださったクライアント企業様。

株式会社 Earth Ship の船原徹雄社長、西田経営学院の西田光弘様、株式会社デジタルリテイリングの池田博史社長、株式会社伊藤久右衛門の北村公司代表、株式会社美十マーケティング部の池田信一様、株式会社新流の玉江浩明社長、株式会社ファーストペンギンの織戸雄亮様・松井さゆら様、Bigmac inc. CMO の野村勇樹様、ダイレクト出版株式会社の小川忠洋社長、株式会社 HAYNI の上間亜希子社長、売り上げアップの施策を取り入れてくださった多くのクライアント企業様に感謝しています。

＊　　　　　　＊　　　　　　＊

いつも面白い情報をくださる船原昇様、a-works 社長の野山大彰様、株式会社ニコシスの窪田大輔社長、株式会社ススムの曽我将社長、株式会社パブリッシングポケット清水恭子様、セールスライターの後藤伸正様、IT 社長養成学校では Web セールスデザインを広めてくださり、いつも最先端の

マーケティングを惜しげもなくシェアしてくださる株式会社 Cyba の田窪洋士社長、株式会社カーロットの榊原隆史社長、広告の A/B テストにご協力いただいている株式会社 Adcate の夏原啓佑社長、株式会社オリガミの井上智博社長、GOOD WEB 株式会社の林明文社長、不動産マーケティングで反響を出す株式会社レコの長谷川仁社長、同社の梶本幸治取締役、SEO での言葉の重要さと知見をくださった株式会社 webull の白濱良太社長、ライドアウト株式会社の永渕成記社長、株式会社 MX エンジニアリングの湊洋一社長、Shinque Asia Co Ltd の森由樹社長、ZEX Pte Ltd. の岡芹史郎社長、販促について豊富な経験からのご指摘と、販売そのものに多大なご協力をいただいた夢叶舎の小林真美様、多くの気づきをいただいています。

＊　　　　　　　＊　　　　　　　＊

また、イスラエルのマイクロコピーに関する資料を一番最初に日本に届けてくださった Kinneret Yifrah 様、そして共にビジネスで切磋琢磨してくれてるオレコン ACADEMY の仲間たち。

オレコンを支えてくれている野津瑛司さん、富田絵美子さん、杜宣慧さん。

そして、天国にいる父と、私を産んでくれアートな感性を育てくれた母、常識に流されない視点をくれた祖母、システムの考え方をくれた祖父に本書を捧げます。

この本を手に取ってくれたあなたと、そのまわりの人が最高に幸せになりますように。

2017 年 7 月

山本　琢磨

著者紹介

山本琢磨（やまもと・たくま）

●経歴
　1978年生まれ、京都府出身。株式会社オレコン代表取締役社長。デジタルマーケター、グロースハッカー。

　Webデザイン、マイクロコピー、トラストフォーマットなど、ウェブページのA/Bテストやデータ分析に裏付けた改善方法で、これまでに2014社以上の企業にコンサルティングを実施。2017年からは、国内初となるマイクロコピーのワークショップを開催。全国の経営者、通販ビジネス事業者を中心に、クライアント企業2,000社以上でテストを実施し、自社においては、国内外の1,000を超える事例検証を行っている。

　その豊富なデータに裏打ちされたノウハウにより、15分程の改善で成約率50％アップ、売上ベースで7倍にするなど、金額にして合計92.7億円以上の改善を行い、日本一と称されている。

　著書に、ダン・ケネディとの共著『常識を変えた15人の「売れる仕組み」～あなたの業界に衝撃を与えるサクセス・ストーリー～』（ミラクルマインド出版）、DVD『社長のための悪魔の時間術』（K・E Media）がある。

●実績
　○日経BPベストショップ2位連続受賞。
　○Yahoo!インターネットコミュニケーションアドバイザー全国1位。
　○楽天ショップ・オブ・ザ・イヤー2年連続／総合2位受賞。
　○株式会社reco、株式オレコンなど5社を経営。

●連絡先等
　株式会社オレコン　ウェブサイト　https://www.orecon.co.jp/
　株式会社オレコン　メールアドレス　customer-relations@orecon.co.jp
　オレコンの運営するマイクロコピーコミュニティ　https://microcopy.org/
　オレコンが運営するニコ生チャンネル「ママ！マイクロコピー」
　http://ch.nicovideo.jp/orecon

　　　　　山本琢磨　Twitter　https://twitter.com/oreconyamamoto
　　　　　山本琢磨　Facebook　https://www.facebook.com/yamataku55
　　　　　山本琢磨　LINE@ID　@yamataku

●執筆協力
　仲野佑希（監修）
　清水令子（ウェブテスト協力）

> **書籍購入特典！**
>
> 著者による解説動画「マイクロコピーを使った成約率アップ事例」を公開中。本書に掲載しきれなかった豊富なコンテンツもご用意しています。
>
> ○今すぐこちらへアクセス → https://microcopy.org/special_cont/
> パスワード：microcopy55

Webコピーライティングの新常識 ザ・マイクロコピー

発行日	2017年 9月 5日　　第1版第1刷
著　者	山本　琢磨（やまもと たくま）

発行者	斉藤　和邦
発行所	株式会社　秀和システム
	〒104-0045
	東京都中央区築地2丁目1−17　陽光築地ビル4階
	Tel 03-6264-3105（販売）Fax 03-6264-3094
印刷所	三松堂印刷株式会社　　　　Printed in Japan

ISBN978-4-7980-4924-3 C3055

定価はカバーに表示してあります。
乱丁本・落丁本はお取りかえいたします。
本書に関するご質問については、ご質問の内容と住所、氏名、電話番号を明記のうえ、当社編集部宛FAXまたは書面にてお送りください。お電話によるご質問は受け付けておりませんのであらかじめご了承ください。